아이의
친구 관계

뇌과학이
알려 주는
사회성 발달의
황금 법칙

아이의
친구 관계

김붕년 지음

카시오페아
Cassiopeia

'공부 뇌'보다 '사회적 뇌'가
중요합니다

"친구들이랑 사이좋게 지내야지."

 부모님과 선생님의 이 짧은 한마디가 어떤 아이들에게는 세상에서 가장 어려운 수학 문제처럼 느껴질지도 모릅니다. 수학 문제는 답지라도 있지만, 역동적인 친구 관계를 만들어 가는 과정에는 정답이 없기 때문에 더 어려울 수 있습니다.

 사람이라는 존재는 태어나 성장하면서 '애착'-'조절'-'공감'이라고 하는 각 단계마다의 사회적 뇌를 완성해 나가는 과업들을 하나씩 성취하고, 그것을 자기 것으로 내면화하며 발전하도록 구조화되어 있습니다.

 가정에서 부모와의 관계를 통해 배운 '애착'의 안정감을 장착하면, 우리 아이들은 어린이집, 유치원, 초등학교에 차례로 진학하면서 각 단계에 맞는 사회적 관계 형성 능력을 발전시켜 나갑니다. 선생님을 믿고 의지하기도 하고, 놀이 친구를 만들고 더 성장하면 단짝 친구를 만들어 마음을 나누고, 타인과 서로 격려하며 감정을 깊게 나누게 됩니다. 이렇게 시간이 흘러갈수록 자연스럽게 좋은 사회적 관계로 성장하고 점점 확장시키며 깊이 만들어 간다면, 우리 부모님은 무슨 걱정이 있을까요, 얼마나 뿌듯할까요? 하지만 그렇지 않은 것이 현실입니다.

"공부는 곧잘 하는데,
친구 관계는 왜 이리 힘들까요?"

요즘 부모님들의 마음을 성적표보다 더 철렁 내려앉게 만드는 것이 바로 아이의 친구 관계입니다. 아이가 친구 문제로 상처받고 마음이 흔들리면, 그 여파는 고스란히 아이의 일상으로 번져 나갑니다. 학교에서 있었던 서운하고 화나는 일들이 머릿속을 떠나지 않으면 학업에 쏟아야 할 집중력은 흩어지고, 사소한 말 한마디에도 예민해져 가끔은 격하게 반응하기도 하고, 부모와의 대화마저 단절되곤 합니다. 어른들 눈에는 작은 다툼 같아 보여도, 아이 입장에서는 세상에 자신이 존재할 자리 자체가 흔들리는 것처럼 느낍니다. 아이들에게 친구는 바깥 세상의 전부이기도 하니까요.

이럴 때 부모님은 걱정과 무력감을 동시에 경험합니다. 아이를 이해하고 도와주고 싶은 마음은 크지만, 어찌할 바를 모르겠다고 말합니다. 병원 진료실, 부모님 모임들 그리고 강연장에서 자주 듣는 부모님들의 이러한 고민이《아이의 친구 관계》를 쓰게 만들었습니다. 내 아이가 친구와 잘 어울리지 못하거나, 갈등이 생겨 상처입고 좌절하거나, 그로 인해 밤잠을 설칠 때, 그동안 알고 있던 양육 상식들이 힘을 잃는다고 말합니다. 그래서 무엇을 어떻게 도와야 할지, 어디서부터 손을 써야 할지 막막함을 느끼는 부모들과 함께 이 이야기를 차분히 해 보고 싶었습니다.

"내가 뭘 놓친 건 아닐까"
"내가 아이에게 뭔가 잘못한 건 아닐까"

이처럼 많은 부모님들이 자책하시곤 합니다. 하지만 그렇지 않습니다. 많은 경우, 아이들의 친구 관계의 어려움은 다면적입니다. 아이들 사이의 갈등은 누군가의 잘못만으로 생기는 것이 아닙니다. 우리는 흔히 내 아이의 친구 문제를 아이의 성격이나 태도 탓으로 돌립니다. '소심해서', '고집이 세서', '눈치가 없어서', '과격해서' 혹은 '부모인 내가 잘못 키워서'라는 말들이 먼저 떠오른다고 합니다. 하지만, 좀 더 깊이 들어가 보면 알 수 있습니다. 아이의 친구 관계를 만들고, 유지하고, 발전시켜 가는 것은 타인의 감정을 읽고, 내 마음을 전달하며, 갈등을 조정할

7

줄 아는 아이의 뇌 발달에서 그 해답을 찾을 수 있습니다. 그 발달 과정을 돕는 것이 부모님과 우리가 할 일입니다. 1)감정 읽기, 2)공감하고 표현하기, 3)의도를 파악하기, 4)상황을 인식하고 적절하게 대처하기, 5)나를 보호하기 등은 아이의 성장 과정과 경험 속에서 변화되고 발전하는데, 우리는 이것을 가르칠 수 있는 방법을 다행히 가지고 있습니다.

우리 아이의 뇌는 적응의 귀재입니다. 환경과 자극에 따라 변화하는 가소성plasticity과 탄력성resilience이 매우 충만한 때입니다. 부모님의 안내와 적절한 교육 그리고 경험적 훈련을 통해서 상당 부분 변화될 수 있습니다. 특히, 우리 뇌의 컨트롤 타워인 '전전두엽'과 정서 조절 및 공감력을 담당하는 회로는 그 발달 능력이 아동기를 넘어 청소년기까지, 아니 어쩌면 성인기 초기의 30대까지도 변화 가능하다는 연구 결과들이 축적되고 있습니다. 정말 좋은 소식이지요. 아직 기회는 남아 있습니다. 우리가 아이와 함께 공감하고, 상황을 이해하고, 대처법을 함께 실행하고, 꾸준히 연습한다면 좋은 결과로 나타날 수 있다는 결론입니다.

"아이가 학교에서 친구와 싸웠다고
담임선생님 연락을 받았어요."

우리는 인생에서 가장 가소성이 풍부하고 민감하며 탄력성이 높은 시기를 학교에서 보냅니다. 유치원을 시작으로, 초등학교, 중학교, 고등학교, 대학교까지. 학창 시절의 학교는 인지 학습, 예술·스포츠 등의 활동을 통해 실력을 쌓고 사회적 활동을 하며 협동과 경쟁의 조화를 배우면서 아이의 사회성을 나이와 발달 단계에 맞게 고도화시키는 곳입니다.

사회적 경쟁 관계에서 발생하는 갈등과 폭력은 아이들이 유치원과 학교에서 경험하는 좌절감, 분노, 불안 등의 부정적인 정서를 표현하는 하나의 행동 양식입니다. 그런 의미에서 그곳은 아이들에게 꽤 높은 스트레스를 주는 곳이 될 수도 있습니다. 그곳이 스트레스를 어떻게 관리하고 사회적으로 적합하고 용납되는 방식으로 표현하는 지를 배우는 장이 되어야 하는 이유입니다.

필연적인 경쟁 관계 속에서 나타나는 아이들끼리의 소소한 갈등은 선생님과 부모님들이 나선다고 해서 완전히 없앨 수는 없습니다. 그 갈등과 대립은 나와는 다른 생각과 욕구를 갖고 있는 친구와의 타협과 양보 그리고 협동의 필요성을 배우는 귀중한 경험이 될 수도 있습니다.

그러나 아이의 정신건강과 정서·사회성 발달에 큰 상처를 남기는 학교폭력은 어떻게 해야 할까요? 학교폭력도 다양한 스펙트럼이 있습니다. 일회적인 욕설이나 놀림부터, 반복적이고 심각한 언어 및 신체적 폭력, 집단적 따돌림까지. 어떻게 하면 학교폭력을 줄이고 (또는 예방하고) 그 폭력의 경험을 고통과 퇴보가 아닌 성장과 발달하는 삶의 자양분이 되도록 할 수 있을까요? 이 책은 또한 이런 고민을 두 번째 화두로 해서 쓰였습니다.

지난 15년간 서울대학교병원 소아청소년정신과의 저희 연구팀은 교육청, 경찰청과의 협력으로 학교폭력 피해자 회복 프로그램 및 가해자 치료 프로그램, 학교 중심 폭력 예방 프로그램 등을 개발하고 효과성을 검증하는 연구들을 진행했습니다. 이러한 연구 경험들과 진료실 안에서의 치료 경험들, 그리고 아이들을 지켜 내야 한다는 무거운 사회적 책임감이 함께 작용하여 이 책의 한 파트를 집필하는 동력이 되었습니다. 심각한 폭력과 집단 따돌림처럼 우리 아이들을 벼랑 끝으로 몰아세우는 문제를 해결하는 데 도움이 될 방안들을 제시하고자 하였습니다.

아이들의 사회성 발달을 위해 '사회적 뇌social brain'를 꾸준히 단련하는 방법과 그 근간이 되는 '공감력'과 '자존감'을 발전시키는 구체적인 방법, 그리고 친구와의 갈등을 풀고 협동과 경쟁의 조화를 이루어 내는 방법, 이미 따돌림과 폭력 피해를 경험한 아이들을 위한 극복법과 가해 아이들을 치료하는 데 도움이 되는 방법들을 이 책을 통해 전해드리고 싶었습니다.

많은 나무들이 상처를 품은 크고 작은 옹이들을 가지고 있지만 튼튼하고 굳건하게 뿌리내려 건강하게 성장하는 것처럼, 우리 아이들도 사회적으로 건강한 성장과 발달을 하는 데에 이 책이 필요한 양분을 미력이나마 제공해 줄 것이라고 기대하고 있습니다. 언젠가는 그 나무 한 그루 한 그루가 모여 서로를 지탱하며 거대하고 위대한 생명의 숲을 이루는 날이 올 것을 믿습니다.

대학로 연구실에서

김붕년

차례

1부   내 아이의 사회성을 키우는 양육 원칙

1장   부모의 태도가 아이의 사회성을 만든다

2부 친구 때문에 힘든 아이의 관계 회복력을 깨우는 실전 연습

4장 친구 관계가 아이의 인생을 덮치지 않게 하라

5장 은밀한 괴롭힘으로부터 내 아이를 지키는 기술

6장   만약 내 아이가 갈등을 일으켰다면

1부

내 아이의
사회성을 키우는
양육 원칙

부모의 태도가
아이의 사회성을 만든다

아이들은 자라며 친구를 통해 자신의 모습을 보고, 자신을 평가하며, 심지어 삶의 방향을 결정짓기도 한다. 발달 과정에서 친구가 중요해지는 시기가 오면, 부모는 아이가 친구를 통해 우정, 배려, 협력과 같은 좋은 가치를 배우기 바란다. 하지만 실제 아이들 사이에서는 힘겨루기, 서열 정하기, 시기, 질투, 따돌림 등 부정적 현상도 함께 나타난다. 이때 "우리 아이의 사회성에 문제가 있는 것은 아닐까?" 하고 걱정하지만, 아이의 사회성 발달 과정에서 갈등을 겪는 일은 피할 수 없는 성장통에 가깝다. 오히려 이 과정을 어떻게 보내느냐가 이후의 사회성 발달을 좌우한다.

아이에게
친구가 생겼어요

      갈등은 사회성 발달의 자연스러운 과정이다. 아이의 사회성은 세상에 태어나 *엄마(주 양육자)를 만나면서부터 싹트기 시작하는데, 출산 후 12개월까지는 엄마와의 관계가 아주 중요해서 아빠는 주 양육자인 엄마를 도와주는 역할을 한다. 보통의 아이들은 이 시기에 주 양육자인 엄마와 충분히 교감하며 친밀한 애착 관계를 형성한다.

    돌이 지나면서 아이는 엄마와 자신의 관계에 아빠와 함께하는 시간과 놀이가 늘어난다. 엄마에게 혼나면 아빠에게 안겨서

---

* 주 양육자가 엄마인 경우를 고려하여 기술함.

울고, 아빠에게 혼나면 엄마에게 달려오는 행동을 보이는 것은 그만큼 아이의 인간관계가 확장되었음을 의미한다.

만 3세가 되면서 드디어 아이의 눈에 친구가 들어오기 시작한다. 하지만 이때의 친구는 '내 옆에 있는 나와 비슷한 아이'일 뿐 같이 어울려 노는 대상은 아니다. 그러다 만 4~5세 무렵부터 친구에게 의미를 두기 시작한다. '나와 비슷한 아이가 나와 비슷한 놀이를 하면서 노는데 같이 노니 재미있다'는 생각을 하게 되는 것이다. 그러면서 어린이집이나 유치원 생활도 가능해지고, 부모와 노는 것보다 또래 친구와 노는 것을 더 즐기게 된다. 이 과정에서 친구와 싸우고 토라지는 일이 생기지만 시간이 지나면 스르르 풀어지는 것이 대부분이다.

초등학교 저학년 아이들의 친구 관계는 기분에 따라 바뀐다. 어제까지 '절친'이라며 붙어 다니던 아이들이 어느 순간 절교했다며 쳐다보지도 않고, 며칠 지나면 절교했다는 아이와 어느새 놀고 있다. 동성 친구 간의 유대가 강해 남자아이는 남자아이들과, 여자아이는 여자아이들과 어울리며, 아직은 이성 친구에게는 관심을 갖지 않는다. 사회성 발달이 미숙한 아이들의 경우 친구를 괴롭히거나 놀리는 것으로 관심을 표현하기도 하지만 선생님이나 부모님이 잘 타이르면 행동이 바뀌는 경우가 많다.

친구 사이에 갈등이 나타나기 시작하는 시기는 초등학교부터이다. 그전까지 친했다 멀어졌다가를 반복하며 친구 관계를 맺어 온 아이들은 서서히 친한 친구 몇 명과 친밀한 관계를 형성한다. 삼총사니 오총사니 하며 자기들 나름대로 이름을 만들어 유대를 강화하기도 한다. 이 과정에서 한 친구를 미워하기도 하고, 어떤 이유로 토라져서 말을 안 하는 일도 생기고, 자신의 힘을 과시하고자 친구를 때리는 일도 생긴다. 여전히 동성 친구끼리 유대를 형성하고 있지만 이때부터 이성 친구에 대해 서서히 관심을 갖는다.

초등학교 고학년부터 중학교까지는 아이들의 생활이 가족 중심에서 또래 중심으로 이동하는 시기다. 이 시기 아이들에게는 친구 관계가 가장 중요해진다. 부모보다 친구에게 더 의지하며, 친구에게 상처를 받았을 때는 자신의 존재 자체가 의미 없다는 느낌을 받기도 한다. 실제로 2025년 여성가족부와 통계청에서 발표한 청소년 통계자료에 따르면, 고민 있을 때 상담하는 사람으로 40.7퍼센트가 '친구'를 꼽았다. 그다음이 '어머니'로 29.6퍼센트였으며, 그다음으로 17.1퍼센트의 아이들이 '스스로 해결한다'고 답했다.

과거에는 중학생이 집단 따돌림을 비롯한 학교폭력이 가장 많이 발생하는 시기였다. '북한이 우리나라에 쳐들어오지 못하는 이유가 중학교 2학년들 때문'이라는 우스갯소리가 있을 정도로, 중학교 2학년이 되면 서서히 자기들끼리 서로 붙어 보고 패

연령별 사회성 발달 특징		
발달단계	핵심 관계 대상	사회적 상호작용의 특징
영유아기	주 양육자	1:1 애착 관계를 통해 세상에 대한 기초적인 신뢰 형성
	가족	엄마와 아빠 사이에서 감정 조율 연습
초등 저학년	놀이 파트너	가족이 아닌 또래와 함께 노는 즐거움을 인지하며 또래 활동이 늘어나는 시기
초등 고학년	또래 집단	동질성을 바탕으로 친구와 갈등과 회복을 반복하며 소집단 형성
중등기	-	자신의 정체성을 투영할 수 있는 친구가 부모보다 영향력이 강해지는 시기
고등기	관계 확장	충동 조절 및 타인에 대한 책임감을 바탕으로 사회적으로 확장되고 성숙한 관계를 형성할 수 있는 시기

를 갈라 보고 하면서 서열을 정리해서, 힘과 권력을 가진 아이들이 생기고 따돌림과 학교폭력이 발생했다. 그러나 지금은 점점 연령이 내려와서 초등학생의 학교폭력이 증가하고 있는 추세이고, 입시 준비에 영향을 받는 연령이 될수록 이런 문제들이 줄어드는 경향을 보인다.

고등학교 시절은 청소년의 발달 과정상 미래의 비전을 세우고 성숙해지는 시기이다. 비전을 세운 아이들은 자신의 행동에 따라 어떤 결과가 일어나는지를 인식하기 때문에 충동을 조절하고 행동에 책임감을 갖게 된다.

부모의 사회성이
아이를 바꾼다

'아이는 어른의 거울'이라는 말처럼 아이들은 부모를 보고 많은 것을 배우고, 부모를 따라 한다. 친구를 사귀는 기술 역시 부모를 통해 배운다. 부모가 사람 만나는 것을 싫어하고 이웃들과 잘 지내지 못한다면 아이 역시 친구들과 잘 지내기 힘들다. 사회성은 말로 가르쳐서 되는 것이 아니라 평소 부모와 긴밀한 관계를 맺으면서, 부모가 주변 사람들과 관계를 맺는 모습을 보면서 배우는 것이기 때문에 부모의 사회성이 무척 중요하다. 특히 부모가 자신의 사회성을 바탕으로 아이와 관련된 사람들과 관계를 맺기에 이 네트워킹 기술이 아이에게도 큰 영향을 미친다.

사실 초등학교 때까지는 엄마의 네트워크에 따라 자녀의 친구 관계 양상이 많이 달라진다. 엄마가 아이 친구의 엄마와 친하게 지내면 아이 역시 그 친구와 잘 지낸다. 비슷한 또래를 둔 가족들이 함께 여행을 가고, 박물관이나 전시회에 같이 가는 것은 아이가 친구 사귀는 데 큰 도움이 된다. 엄마들도 육아에 대해 함께 이야기를 나눌 수 있고, 아이들도 공통의 관심사를 찾아서 놀 수 있어 좋다. 만약 내 아이가 어울렸으면 하는 친구가 있다면, 아이에게 그 친구를 사귀라고 하기보다는 엄마 자신이 먼저 그 집 엄마와 사귀는 것이 더 효과적일 수 있는 시기가 이때이다. 초등학교 시기에는 학교 모임이나 동네 모임, 학원 모임, 스포츠 모임 등 같은 연령대의 아이를 둔 엄마들 모임에 가능한 참석하고, 그 만남을 계속해서 유지시키면서 아이에게 친밀감을 높여 가는 모습을 보여 주면 좋다. 이 과정이 살아 있는 교육이 될 것이다.

엄마들끼리 모이면 다른 사람의 뒷담화를 하는 경우가 종종 있는데 이는 좋지 않다. 뒷담화보다는 칭찬과 격려가 모임을 끈끈하게 한다는 점을 잊지 말아야 한다. 사실 뒷담화에는 마음에 쌓인 것을 말로 풀어냄으로써 스트레스를 푸는 순기능이 있다. 그렇지만 스트레스 해소가 필요하다면, 그 모임과 전혀 상관없는 사람과 해소하는 센스를 발휘하자.

아이가 사춘기에 접어들면서 부모가 다른 집 부모와 친해지더라도 아이끼리 성향이 맞지 않으면 친구가 되기 힘들어진다. 이때는 다른 집 부모와의 네트워크를 통해 아이들의 학교생활에 대한 이야기를 들어야 한다. 아이가 집에 와서 학교생활에 대해 잘 이야기하지 않으면 부모는 답답함을 느끼는데, 이럴 때 다른 부모와 친분이 있으면 그 부모를 통해 학교생활에 관한 이야기를 들을 수 있다.

자녀가 성장기의 어느 단계든지 부모가 학교행사나 활동에 참여하는 것이 좋다. 특히 아이가 중학생이 되면 초등학생 때만큼 아이의 사생활에 대해 잘 알 수 없으므로, 봉사활동이나 학부모회 활동을 통해 학교생활과 친구 관계에 대해 알 수 있기 때문이다. 이 나이 아이들은 친구 집에서 자고 온다고 하거나 친구들끼리 여행을 다녀오겠다고 하는 경우도 종종 있는데, 이런 때 부모들의 네트워크가 진가를 발휘한다. 친구 부모와의 유대와 정보를 통해 내 아이를 더 세심히 살필 수 있고 위험한 상황에서 아이를 보호할 수도 있음을 기억하자.

아울러 부모가 아이 주변의 어른들과 사귀는 것은 아이에게도 다양한 사람을 만나는 기회가 된다. 핵가족 사회를 살아가는 아이들은 부모, 친구, 선생님 등 한정된 사람들과만 관계를 맺기 쉬우므로 부모의 네트워킹을 통해 아이에게 더 넓은 세상을 보여 주자.

여자아이의 사회성
VS 남자아이의 사회성

대부분의 여자아이들은 분홍색에 빠져 인형놀이와 소꿉놀이를 하며 어린 시절을 보내고, 대부분의 남자아이들은 총싸움이나 칼싸움을 하며 자신의 남성성을 강화한다. 성에 따른 아이들의 차이점은 친구 관계에서도 드러난다. 한마디로 요약하면 여자아이들은 관계 중심으로 친구를 사귀고, 남자아이들은 놀이 중심으로 친구를 사귄다.

여자아이들이 관계 중심으로 친구를 사귄다는 말은 다음과 같은 기준이 친구 관계를 유지하는 데 중요하다는 뜻이다.

'친구가 자신에게 얼마나 관심을 가져 주는가?'

'친구가 나의 감정을 얼마나 충족시켜 주는가?'

대부분의 여자아이들은 남자아이들보다 공감력이 높기 때문에 친구에게 관심을 보이고, 관심을 받는 관계를 만드는 것이 어렵지 않다. 그래서 마음이 맞는 아이들끼리 삼삼오오 무리를 짓는 것을 좋아하고, 이 무리에 들어가지 못하면 불안감을 느낀다.

친구 관계에서 공감력은 중요하지만 주의해야 할 것이 있다. 바로 의존성이다. 공감력이 높은 아이들은 상대방을 지나치게 의식할 때가 많다. 친구의 사소한 말에 상처를 받고, 의미 없는 행동 하나까지도 부풀려 해석해 오해를 하곤 한다. 상대방을 지나치게 의식하다 보니 친구가 어떻게 생각할지 몰라 자기주장을 펴지 못하는 경우도 생긴다. 여기에는 사회적인 영향도 있다. 과거에 비해 많이 줄었지만, 우리의 문화 속에 아직도 '여자는 얌전해야 하고 자기주장을 강하게 하면 안 된다'는 생각이 남아 있기 때문이다.

그래서 여자아이들 사이에서는 집단 따돌림이 발생하더라도 남자아이들처럼 폭력을 사용하거나, 욕을 하는 등 겉으로 드러나는 행동은 드물다. 여자아이들의 따돌림은 간접적이고 은밀한 따돌림에 가깝다고 할 수 있다. 친하지 않은 아이를 따돌리는 것이 아니라 긴밀한 친구 관계를 맺었던 아이를 어느 순간부터 따돌린다는 특색도 있다.

관계 중심적, 정서 중심적으로 친구 관계를 맺는 여자아이들은 서로에게 지나치게 의존하기 때문에 친구가 자신이 기대하는 것과 반대되는 행동을 하거나, 자신의 기대를 저버리면 심한 배신감 또는 상실감을 느낀다. 이 배신감 또는 상실감은 친구를 미워하게 하고, 미움이 분노로 이어지면 은밀한 따돌림(은따)을 만들어 낸다. 친구 무리 속에서 떨어져 나온 아이는 친구들과 어울리지 못하는 자신을 자책하고, 은밀한 따돌림의 고통 속에 지내게 된다. 여자아이들의 마음속에는 항상 '내가 외톨이가 되면 어떻게 하지?' 하는 불안감이 있다고 해도 과언이 아니다.

따라서 여자아이들에게는 친구를 사귈 때 친구에게 너무 의존하지 않도록 지도하는 것이 필요하며, 친구들과 의견이 다를 때 "내 생각은 달라" 하고 말할 수 있도록 가르쳐야 한다. 또한 친구에게 놀림받을 때는 '내 의견을 말한 게 잘못된 일이 아니라, 이를 놀리는 친구가 잘못된 것'임을 이야기해 주도록 한다. 그러기 위해서는 집에서부터 자기표현을 할 수 있는 민주적인 분위기를 만들어 주면 좋다. 부모와 의견이 다를 때 "저는 그렇게 생각하지 않아요" 하고 자기 의견을 표현하게 하고, 그런 아이의 모습을 격려해 주어야 한다.

여자아이를 키우는 부모의 경우 남자아이에 비해 과잉보호하는 경우가 많은데 이는 아이의 의존성을 키울 수 있고, 자라며 부모에 대한 의존성이 친구에게로 옮겨 갈 수 있으므로 주의해야 한다. 아이에게서 한 발짝 물러나 아이가 하는 것을 지켜보면서 부모의 도움이 필요할 때만 손을 내미는 양육 태도가 필요하다.

남자아이들은 정서적인 만족보다는 함께 놀 때 즐거운 친구와 사귀는 경향이 있다. 예를 들어 농구·축구를 좋아하는 아이들끼리 어울려 농구·축구를 하며 친해지는 식이다. 이 경우 다음과 같은 기준이 관계를 만드는 데 핵심이 된다.

'이 친구와 함께 놀면 즐거운가?'
'우리 무리에 어울리고 믿을 만한 친구인가?'

남자아이들은 놀이를 하면서 우정과 의리, 힘의 논리를 만들어 나간다. 여기서 말하는 힘은 신체적인 것뿐 아니라 가정의 경제력, 성적, 지능 등 다양한 능력의 총합이라 할 수 있다. 남자아이들은 힘을 바탕으로 나름의 위계질서를 만들며, 위계질서를 지키고자 노력하는 경향이 있어서 이것이 위협을 받거나 무너지면 공격적으로 변한다.

남자아이의 친구 관계에서는 이 공격성을 주의해야 한다. 어려운 문제에 부딪혔을 때 말보다 주먹이 앞서는 것이 남자아이들이다. 여자아이들이 은밀한 언어와 간접적인 행동으로 친구를 괴롭힌다면, 남자아이들은 신체적·언어적 폭력으로 직접 친구를 괴롭힌다. 또한 남자아이들은 여자아이들보다 공감력이 낮아서 괴롭힘으로 친구가 힘들어하는 것을 보아도 '쟤 왜 저러지?' 하고 마는 경우가 많다. 그 이유를 실컷 설명해 주어도 '그렇다고 왜 저러지?' 하는 표정을 짓는다.

폭력을 방지하려면 남자아이에게는 평상시에 '행동하기 전에 먼저 생각해 보고 이야기하기'를 가르쳐야 한다. 그래야 친구들 사이에서 사소한 오해로 치고받고 싸우는 일을 막을 수 있다. 부모 역시 아이 앞에서 공격적인 모습을 보이지 말아야 한다. 아이와 이야기할 때 흥분해서 소리를 치거나 과격한 행동을 보이는 것은 아이의 공격성만 키울 뿐 아무런 교육적 효과가 없다. 특히나 청소년기에는 남성호르몬의 분비와 편도핵의 민감성으로 공격성이 강해지는 시기이기 때문에 부모의 공격적인 모습을 보고 그대로 배울 가능성이 높다.

공격성 조절을 위해서는 공감력이 중요한데, 공감력을 높이기 위해서는 '상대방 입장에서 생각해 보기'를 연습시키는 것이 좋다. 책을 읽거나 TV 드라마나 영화를 볼 때 "네가 저 상황이라면 어떻게 했을 것 같니?" 하고 물어보고, 가족 간의 대화를 할 때도 '아빠 입장', '엄마 입장', '동생 입장'에서 생각해 보라고 권유한다. 친구들과 갈등이 있을 때는 '친구 입장'에서 생각해 보도록 조언해 주어야 한다.

놀이 중심으로 친구를 사귀는 남자아이들은 자극적인 행위를 즐길 가능성도 높다. 순간적으로 친구를 기절시키고 즐거워한다든지, 생일 맞은 친구에게 밀가루를 뿌리는 등 도저히 놀이라고 할 수 없는 것들을 만들어 낸다. 이런 행위에 대해서는 그 위험성을 이야기해 주는 것이 중요하다. 어른이 이야기한다고 단번에 근절시킬 수 있는 것은 물론 아니지만, 그래도 그런 행동이 위험하고 옳지 않다는 메시지를 자꾸 주어야 공격성이 강해지는 것을 막을 수 있다.

소심한 아이의 사회성
VS 충동적 아이의 사회성

소심한 유형의 아이들은 불안 성향이 높아서 먼저 친구에게 다가가는 것을 어려워한다. 이런 아이들은 불필요한 걱정이 많다는 특징을 갖고 있기도 하다.

'나를 좋아하지 않으면 어떡하지?'
'무슨 말부터 해야 할까?'
'거절하면 친구가 나를 미워하지 않을까?'

그러나 이 유형의 아이들은 누군가를 사귀면 오랫동안 꾸준한 관계를 맺으며 신뢰와 우정을 잘 지킨다. 이런 아이들은 친구를 처음 만날 때 편안한 환경을 만들어 주는 것이 좋다. 자연스럽게 소수의 아이들과 친밀한 관계를 맺을 수 있는 소규모 모임 활동을 격려하는 것도 유용하다. 부모의 인적 네트워크를 활용해서 엄마 친구의 아이들을 소그룹으로 묶어 주어도 좋다. 그래도 친구 사귀기를 힘들어할 경우에는 먼저 1대 1로 친구를 연결해 주고, 격려해 주면서 친구를 사귀어 보는 경험을 쌓게 한 뒤에 소수의 모임 활동으로 이끄는 게 안전할 수 있다.

소심한 아이들의 또 다른 특징은 친구를 사귄다 해도 너무 한 아이에게만 의존하는 경향이 있고 친구 관계에서도 해야 할 거절을 하지 못해 지나치게 끌려다닌다는 점이다. 의존은 상대를 피곤하게 만들어 우정을 방해할 수도 있다는 사실을 알려 주고, 좀 더 자립심을 가지고 우정을 유지하도록 격려하자. 거절하지 못하고 끌려다니는 것은 진정한 친구 관계가 아니라는 사실을 깨우쳐 주고, 때론 용기 있는 거절도 필요하며 그것으로 인해 우정이 깨지는 것은 아니라는 점을 알려 줄 필요가 있다. 이는 부모나 교사의 지속적인 코치가 필요하다.

충동적인 아이들 역시 친구 관계를 맺는 데 어려움을 많이 느낀다. 이런 아이들은 자신의 감정·행동 등을 적절하게 조절하는 능력이 부족하다는 특징을 가지고 있다.

'이 친구와 놀 때 내 뜻대로 할 수 있는가?'
'지금 하고 싶은 걸 참아야 할 이유가 있는가?'

예를 들어 친구들과 어떤 놀이를 할 때 시시콜콜 간섭을 하거나 자기 뜻대로 되지 않으면 갑자기 흥분해서 주먹을 날린다면, 어느 누구도 그 아이와 친구 관계를 맺으려 하지 않을 것이다. 충동적이고 욱하는 유형의 아이들은 부주의하고 산만한 경우가 많고, 또래 아이들에 비해 지시에 따르거나 규칙을 지키는 능력이 떨어진다. 그 양상이 심할 경우 주의력결핍 과잉행동장애ADHD로 볼 수 있으므로 아이의 충동성이 부모가 통제할 수 있는 범위를 벗어난다면 전문가의 도움을 받아야 한다.

충동적이고 욱하는 아이라면 기본적인 사회적 기술을 가르쳐 주는 것부터 시작해서 아이가 관계를 맺는 집단의 범위를 조금씩 넓혀 가야 한다. 다음과 같이 친구를 사귈 때 기본이 되는 사항들을 적어 놓고 실천 여부를 매일 점검하자.

- 조용히 이야기하기
- 차례 지키기
- 잘난 척하지 않고 말하기
- 친구가 무엇을 원하는지 물어보기

기본적인 사회적 기술을 익혔다면 다음으로 친구를 집으로 불러서 놀게 한다. 이 유형의 아이들은 친구와 어울릴 때도 주도적으로 놀기 힘들기 때문에 부모가 친구와 놀거리를 준비해 주는 편이 좋다. 밥 먹고 친구와 영상 시청하기, 일정한 시간 동안 게임 하기 등이 적당하다.

집에서 친구와 노는 데 익숙해졌다면 범위를 넓혀 스포츠클럽이나 동호회 등 소집단 활동을 통해 사회적 기술을 익히도록 한다. 이때는 아이 수준에 너무 어려운 과제를 주기보다는 아이가 쉽게 성공할 수 있고 친구들과 함께하는 기쁨을 느낄 수 있는 활동을 선택하는 것이 중요하다. 이런 과정을 통해 사회적 기술을 익힌 아이들은 학교에서도 친구들과 잘 지내는 방법을 배워야 하는데, 이때는 부모와 교사가 협력할 필요가 있다. 충동적 성향이 있는 아이라도 반에서 특정한 역할을 맡기면 책임감이 생겨서 과다 활동과 충동성을 조절하고 억제하는 데 도움이 될 뿐만 아니라, 높은 활동력으로 좋은 성과를 낼 수 있다. 부모와 교사가 상담을 통해 이런 기회를 만들면 효과적이다.

이기는 것보다
어울리는 것을 가르쳐라

아이들에게 친구는 자존감이 투영되는 거울과도 같다. 이 시기의 아이들은 친구를 통해 자신의 모습을 보고, 친구를 통해 자신을 평가하며, 심지어 삶의 방향을 결정짓기도 한다. 이토록 중요한 친구 관계를 망치는 걸림돌은 바로 '과도한 경쟁의식'이다. 친구를 '함께 지내고 즐기는 대상'으로 보기보다는 '어떻게든 이겨야 하는 경쟁 상대'로 보는 것이 우정 형성을 방해한다.

그렇다고 경쟁의식이 무조건 나쁜 것은 아니다. 문제는 '과도한' 경쟁의식이다. 아이들이 과도한 경쟁의식으로 친구 사귀기마저 어려워하지 않도록 정당하게 경쟁하는 방법을 알려 주어야 한다.

진화생물학적으로 말하면 경쟁은 우수한 유전자를 유지·발전시키기 위한 수단 중 하나이다. 하나의 난자를 놓고 경쟁하는 수억 개의 정자에서 보듯, 한 몸 안에서도 우월한 유전자를 다음 세대에 전달하기 위한 경쟁이 일어난다. 우리 뇌 안에서도 경쟁은 벌어진다. 3~5세에 가장 활발하게 일어나는 뉴런(신경세포)의 자연 사멸은 경쟁에 실패한 뉴런을 걸러 내는 과정이고, 10대에 전두엽에서 일어나는 시냅스의 가지치기 현상도 보다 효율적인 신경망을 구성하기 위해 경쟁에서 뒤떨어져 용도가 없는 회로들을 제거하는 작업이다.

대부분의 경쟁은 승리와 패배로 결과가 나뉜다. 인간은 승리의 달콤함과 패배의 쓰디쓴 고통을 몸으로 알기 때문에 경쟁에서 이기기 위해 노력한다. 그만큼 경쟁심은 자연스럽게 우리 몸에 배어 있다.

스티븐 제이 굴드Stephen Jay Gould라는 진화생물학자는 인간의 경쟁심은 성장하면서 배우는 것이지 본래 경쟁심을 가지고 태어나는 것은 아니라고 주장한다. 사회나 가정의 환경이 어떠한지가 한 인간을 경쟁적 또는 협동적인 모습으로 만들어 간다는 말이다.

여유 있는 환경에서는 협동이 적응에 유리하다. 서로 나누어 가질 수 있는 총량을 늘려 갈 수 있을 조건이라면 협동해서 파이를 더 크게 키우는 편이 이득이기 때문이다. 그러나 어려운 환경에 처하면 협동보다는 경쟁을 택하는 경우가 늘어난다. 협동해 봤자 더 큰 파이를 만들 수 없다면 당장 눈앞에 있는 파이를 더 많이 차지하는 것이 유일한 선택지처럼 보이기 때문이다. 불행히도 이렇게 되면 그 사회는 경쟁이 격화되고 사람들은 분열되어 협동 능력을 잃어버리게 된다. 결국 파이를 키우는 일 자체도 불가능해질 수밖에 없다.

경쟁과 협동의 문제는 교육에서도 중요한 쟁점으로, 어느 것을 강조하는가에 따라서 교육제도와 환경이 달라지기도 한다. 교육제도가 어느 쪽으로 나아가든 현실 교육에서 공정한 규칙을 바탕으로 한 조직화된 경쟁 구도가 형성됨은 부정할 수 없는 부분이다. 그런데 경쟁이 공정성을 잃거나 지나친 압박으로 작용하기 시작하면 그 부작용이 만만치 않다. 경쟁으로 많은 에너지가 소비되고, 실패할 경우 정신적으로 고갈되어 회복이 힘들어지기도 한다. 예를 들어 경쟁이 지나치면 내적 동기는 떨어진다. 외부의 압력과 조건에 따라 경쟁하기 때문에 자발적인 욕구가 생겨나지 않는 것이다. 또한 공정한 경쟁이 되거나 규칙이 잘 지켜지지 않을 가능성이 높고, 이럴 경우 사회에 대한 전반적 불신과 분노가 자라난다.

지금 우리 사회의 모습이 그렇지는 않은가 생각해 보았으면 한다. 사회에는 경쟁을 통해 살아남은 우수한 제품이 시장을 지배한다는 식의 기업의 생존 논리를 아이들 교육에 적용하는 일이 만연되어 있다. 부모들은 최고의 유치원에서부터 최고의 대학교까지 항상 최고를 내세우며 아이들을 시장성 높은 최고의 상품으로 길러 내고자 애쓴다. 최고 대학에 보내기 위해 초등학교 때부터 아이들을 사교육 시장으로 내몰고 최고의 교육 환경을 찾아 이사하기도 한다.

하지만 아이가 최고를 향해 달려가도 부모들은 불안하다. 주변을 둘러보면 내 아이보다 더 잘하는 아이, 더 좋은 교육 환경이 항상 발견되기 때문이다. 부모는 불안한 마음에 아이에게 더 강하게 경쟁을 요구하고, 경쟁의식을 주입받은 아이들은 최고가 되기 위해 친구를 경쟁 상대로만 보게 된다. 그러면 자연스레 자기보다 성적 좋은 아이, 잘난 아이를 질투하고 미워하는 마음을 갖게 되고, 이 마음이 친구 관계를 망가뜨린다. 그러니 결국 경쟁의 건강한 역할이 사라지고 후유증만 남는다.

지나친 경쟁과 경쟁심은 정신적인 위기를 불러온다. 경쟁을 즐기기는커녕 경쟁에 인생이 걸려 있고, 한 번 실패하면 다시는 일어설 수 없다고 생각하고 있다면 이는 지나친 경쟁심이다. 지나치게 경쟁적인 환경은 자발적 의지를 꺾어 버리고 많은 사람을 불안하게 만든다. 승리하더라도 불안을 동반한 일시적 안도감만 느낄 뿐이다.

경쟁에서 탈락했다는 좌절감이 커지면 한 사람을 죽음으로 몰고 갈 수도 있다. 성적이 크게 나쁜 것도 아닌데, 성적 비관으로 자살 시도를 하는 아이들이 바로 그런 사례이다.

경쟁에 부작용이 뒤따른다고 해서 경쟁을 두려워하거나 피하는 나약한 아이로 키우는 것 역시 곤란하다. 인류가 존재하는 한 경쟁은 피할 수 없다. 따라서 경쟁을 즐길 줄 알되, 경쟁심이 지나치지 않도록 도와주어야 한다. 자연스럽게 일상의 한 부분으로 받아들이고 즐길 수 있다면 적당한 경쟁이라 할 수 있다.

더불어 경쟁은 공정한 규칙의 바탕 위에서 이루어질 때 행복한 경쟁이 될 수 있음을 가르쳐 주어야 한다. 가정에서는 아이와 놀이를 할 때 공정한 규칙을 정하고 그 규칙에 따라 재미있게 노는 것에서부터 시작하면 된다.

마지막으로 경쟁과 함께 협동을 가르치는 것도 중요하다. 협동을 배우지 못한 아이들은 지나친 경쟁의식을 갖고 커나갈 위험성이 크다. 나와 함께 공부하는 친구들도 나와 똑같이 더 잘하고자 하는 욕구를 가지고 있다는 사실을 알려 주고, 함께 노력하면 혼자 할 때보다 더 큰 즐거움을 얻을 수 있음을 깨닫게 하자.

현재는 물론 미래 역시 네트워크 사회이다. 자신이 아무리 뛰어난 실력을 가지고 있어도 다른 사람과 협동하지 못하면 그 능력을 제대로 발휘할 수 없다. 동등한 협동이 '내 꿈'을 '우리의 꿈'

으로 더 크게 키워 준다는 것을 가르쳐야 한다. 성공과 행복은 경쟁만으로는 만들어지지 않는다. 경쟁과 협동을 넘나들며 놀이처럼 즐길 수 있을 때 아이들도 더 많은 능력을 발휘할 수 있고, 더 큰 행복을 얻을 수 있다.

나쁜 친구보다 위험한 부모의 말

    아이가 불량스러워 보이는 친구들과 어울리면 부모는 걱정이 많아진다. 이때 중요한 것은 '불량스러워 보이는' 의 기준이다. 많은 부모가 자신의 기준에 맞추어 좋은 친구와 나쁜 친구를 구분하는 경향이 있다. 부모 기준에는 '나쁜 친구'가 아이 기준에는 '좋은 친구'일 수 있고 또 그 반대인 경우도 있다. 따라서 부모의 기준대로 아이의 친구 관계를 조정하려고 하면 역효과가 날 수 있다. 부모 마음에 들지 않는다 해 친구 관계를 통제하기보다는 내 아이와 그 친구 모두 좋은 방향으로 이끌어 주는 것이 더 현명한 방법이다.

    사춘기 아이들이 친구를 사귀는 양상을 살펴보면 자신이 되고 싶은 모습, 자신에게 부족한 모습을 가진 친구와 어울리는 것을 볼 수 있다. 예를 들어 아이가 힘이 세고 거친 아이들과 어울린다면 아이의 마음속에 자신도 힘세고 강한 내가 되고 싶은 욕구가 있다고 할 수 있다. 아이가 자신의 성향과 전혀 다르고 부모 눈에 불량스러워 보이는 친구들과 어울린다면 '내 아이가 저 아이처럼 되고 싶어 하는구나' 하고 이해하고 아이의 성향이 나쁜 쪽으로 가지 않도록 잘 살펴야 한다. 더불어 어른들의 눈에는 공부 잘하고 선생님 말씀도 잘 듣는 모범생이 '좋은 친구'로 보이겠지만 아이들에게는 답답한 친구일 수 있음도 인정할 필요가 있다. 반대로 어른들 눈에 '불량스러워 보이는 친구'가 아이들에게는 재미있는 친구일 수 있는 것도 받아들여야 한다.

아이가 부모 마음에 들지 않는 친구와 어울린다고 해서 '저 친구와는 놀지 마라' 하는 말을 해서는 안 된다. 부모가 자신이 사귀고 있는 친구를 싫어하면 아이들은 부모가 자신을 비난하는 것처럼 느낀다. 그렇게 되면 부모와의 사이에 마음의 담을 쌓고, 어떤 친구와 사귀고 무엇을 하고 노는지 숨기기 시작한다. 특히 사춘기 아이들은 부모가 말린다고 해서 하고 싶은 일을 포기하지 않는다. 차라리 거짓말을 하고 숨어서라도 하는 쪽을 선택하는 것이 사춘기 아이들이다.

그러므로 부모가 친구 관계에 간섭하기보다는 친구들과 좋은 방향으로 잘 사귈 수 있도록 도움을 주어야 한다. 가장 먼저 할 일은 아이의 친구를 인정하는 일이다. 아이가 친구 이야기를 할 때, 아이의 친구를 비난하는 것은 곤란하다. 부모가 걱정되는 부분이 있다면 부드럽게 이야기하는 편이 좋다.

- "걔는 커서 뭐가 되려고 그렇게 게임을 많이 하니?" ⊗
  ↳ **"네 친구 ○○이는 다 좋은데 게임을 너무 많이 해서 걱정이야."** ○

아이가 부모 말에 동의한다면 "네가 한번 친구에게 게임 시간을 줄이라고 이야기해 보는 건 어때?" 하고 제안해 본다. 이런 식으로 어떤 친구라도 자신에게 도움이 되는 친구로 만들도록 아이를 이끄는 것이 중요하다.

하지만 아이가 누가 봐도 불량스러워 보이는 아이, 즉 학교폭력 고위험군 아이들과 사귀고 있다면 이때는 적극적인 개입이 필요한 타이밍이다. 흔히 일진으로 분류되는 아이들, 비행을 일삼는 아이들과 어울린다는 사실은 내 아이 역시 가해자가 될 확률이 높다는 것, 경우에 따라 피해자도 될 수 있다는 것을 의미하므로 촉각을 곤두세워야 한다. 부모에게 뭔가 숨기는 눈치거나, 용돈을 더 달라고 하거나, 따돌림당하는 아이 이야기를 하는데 즐겁다는 표정을 짓는다면 아이에게 뭔가 변화가 있는 것이다. 이때 불안한 마음에 아이에게 다그치듯 물으면 사실을 숨길 수 있으므로 주의하자. 친구의 권유로 불량 서클에 가입했다가 빠져나오지 못해 자살한 중학생의 경우처럼, 큰 문제로 확대되는 것을 막으려면 다그침보다는 아이를 더욱 세심하게 관찰하고 소통을 늘리는 게 어른이 취할 수 있는 좋은 방법이다.

담임교사와 상담을 통해 아이의 친구 관계를 파악하는 것도 부모에게 꼭 필요하다. 아이들 간의 관계는 담임교사가 가장 잘 알고 있음을 잊지 말아야 한다. 관찰과 대화를 통해 내 아이가 학교폭력 고위험군 아이들과 어울리는 것이 확실해지면 담임교사와 힘을 합쳐 그 그룹에서 빠져나올 수 있도록 해야 한다. 또한 그 그룹의 아이들이 더 이상 친구를 괴롭히지 못하도록 학교 차원의 상담과 교육으로 이어지도록 조치해야 한다.

어른들은 모르는
역동적인 아이들의 사회

센 척하는 아이들

친구 관계가 인생의 전부인 아이들 세계에서 친구들 간의 서열, 밀고 당기기, 시기와 질투 등이 나타나지 않을 수 없다. 부모는 아이들이 친구 관계를 통해 우정, 사랑과 같은 좋은 가치를 배우기를 기대하지만, 실제 아이들의 관계에서는 바로 그 우정과 사랑을 얻기 위한 갈등이 더 많이 발생한다. 사소한 일로 토라져 갈등하고, 오해임이 밝혀져 화해하고, 그러다 또 싸우고 힘들어하다 친구의 진심을 알게 되는 상황이 반복되는 것이다.

친구 간의 갈등이 잘 극복될수록 아이들은 서로 공감하게 되고 진정한 우정과 사랑의 의미를 배우게 된다. 하지만 우정과 사랑을 얻기 위한 행동이 왜곡될 때 문제가 발생한다. 친구들 사이에서 주목받고 싶은 아이들은 또래 그룹에서 리더가 되고자 하고, 리더 자리를 지키기 위해 폭력으로 힘이 약한 아이들을 제압한다. 힘이 약한 아이들은 자신을 보호하기 위해 폭력을 방관하고, 굴복한다.

어떤 아이들은 자신이 더 주목을 받아야 하는데 아이들이 다른 아이에게 관심을 가지고 있으면 그 아이를 노골적으로 비난하기도 하고, 패거리를 모아 집단적으로 따돌리기도 한다. 이런 과정이 심해지면 학교폭력으로 이어진다.

사회성이 덜 발달된 아이들은 아직 갈등 상황에 대해 깊이 생각하고, 다양한 해결책을 모색하는 방법을 알지 못한다. 더구나 생물학적으로 미성숙한 뇌와 호르몬의 작용으로 충동성과 폭력성이 강해진 아이들은 본능적 방법, 즉 원시시대부터 인류를 지배해 왔던 힘의 논리로 문제를 풀려고 한다. 당장 때리고, 놀리고, 무시하는 행동을 통해 친구를 제압하고 그것으로 문제가 해결되었다고 생각한다. 힘의 논리에 반복적으로 굴복한 아이들이나 상황을 지켜본 아이들은 그 방법이 나쁘긴 하지만 어쩔 수 없다고 생각하게 된다. 그래서 자신이 따돌림을 당하거나 친구가 따돌림 당하는 것을 보고도 교사나 부모에게 말하지 못하는 것이다.

학년 초 아이들의 기 싸움이
일어나는 이유

특히 학년이 바뀌는 3월, 사춘기 아이들로 가득 찬 교실은 절대 평화롭지 않다. 아이들은 서로를 저울질하며 끊임없이 기싸움을 벌인다.

'저 아이는 나보다 센가?'
'저 아이가 나보다 약한가?'
'저 아이는 무시할 만한가?'

선생님을 상대로 기싸움을 하는 아이들도 있다. 선생님을 이기려는 마음보다는 반 아이들에게 '센 아이'라고 인정받을 수 있는 좋은 기회로 활용하기 위해서다. 선생님이 없는 자리에서 욕을 섞어 가며 선생님 흉을 보는 일도 있다. 무조건 자신이 반에서 센 아이라는 인상을 주는 것이 목적이며, 밀리면 무시당하는 것이라고 생각한다.

왜 아이들은 이렇게 하면서까지 센 척을 하는 걸까? 그 이유는 인정을 받기 위해서이다. 사춘기에 접어들면 인정받고 싶은 욕구를 갖는 것은 어쩌면 당연하다. 자아가 커지면서 인정받고 싶은 욕구도 동시에 커진다. 문제는 '센 것'을 증명하지 않으면 약한 아이가 되는 분위기가 교실에 만연해 있다는 점이다. 그러다 보니 폭력적인 행동을 보일 수밖에 없는 것이다.

그렇다면 소수이기는 하지만 거친 말을 하지 않고 폭력을 쓰지 않는 아이들은 인정받고자 하는 욕구가 없는 것일까? 그렇지 않다. 다만 인정을 받고 싶은 대상이 다를 뿐이다. 선생님 말을 잘 듣고 규칙을 잘 지키는 아이들은 또래보다는 교사나 부모에게 인정을 받고 싶어 한다. 이렇듯 아이들의 인정받고자 하는 욕구를 잘 이해하기만 해도 교실의 역동적인 상황을 더 잘 읽을 수 있다.

역동적이고 변화무쌍한
아이들의 친구 관계

만약 갈등을 넘어 학교폭력 사건이 발생하면 언론이나 사회는 아이들을 가해자와 피해자로 분류한다. 피해 아동에게는 자신이 당한 것들을 낱낱이 이야기할 것을 강요하고, 가해 아동에게는 무시무시한 법적 처벌을 들이댄다. 그러나 이런 규제와 여러 노력에도 학교폭력은 줄어들지 않고 더 심해지고 있다.

학교폭력 문제를 해결하기 위해서는 아이들을 가해 아동과 피해 아동으로 나누는 시각부터 바꾸어야 한다. 아이의 친구 관계는 어른들이 상상하지 못할 만큼 역동적이기 때문이다. 실제 학교에서 일어나고 있는 아이들의 문제를 들여다보면 가해자, 피해자를 나누기가 힘든 상황이 대부분이다. 가해자와 피해자가 뒤섞여 있고, 가해자가 피해자가 되는가 하면, 피해자가 가해자가 되기도 하는 복잡한 양상을 띤다.

종태는 학원 근처 어두운 골목에서 같은 반 상호에게 커터 칼을 휘둘러 얼굴에 큰 상처를 입혔다. 가해한 종태는 덩치가 크고, 피해를 입은 상호는 덩치가 작았다. 주변을 지나던 어른이 현장을 목격하고 종태와 함께 상호를 병원에 옮겼다. 병원에 온 담임교사가 두 아이를 살펴보니 둘 다 당황한 얼굴에 눈에는 눈물이 그렁그렁했다. 옆에서 어머니들은 울고 있었다. 누가 봐도 덩치가 큰 종태가 덩치가 작은 상호에게 상해를 입힌 사건이었다. 이 사건만 놓고 보면 종태는 가해자이고, 상호는 피해자인 것이다.

하지만 담임교사는 두 아이를 가해자, 피해자로 나눠서 생각할 수 없었다. 이 사건의 실체는 학기 초로 거슬러 올라가야 제대로 파악할 수 있다는 것을 알고 있기 때문이다. 사실 상호는 덩치만 작을 뿐이지 주먹이 맵고 겁도 없어 싸움을 하면 끝까지 물고 늘어지기 때문에 결코 싸움에서 진 적이 없다. 그래서 반 아이들도 상호가 덩치가 작다고 무시하지 못했다. 이따금 수업 시간에는 선생님의 권위에도 도전해 아이들이 자신을 무시하지 못하게 만들었다. 그러나 덩치나 컸지 순하기만 한 종태는 상호의 '밥'이었다. 오며 가며 툭툭 치는 것은 기본이고, 말로는 빌려 달라고 했지만 몇 차례 돈을 뺏기도 했다.

담임교사는 2학기가 되어서야 이런 사실을 알게 되었다. 상호가 돈을 뺏고 폭력을 일삼았다는 것을 안 담임교사는 다른 아이들이 보는 앞에서 상호를 심하게 혼냈고, 상호는 학생부에서 처벌도 받았다. 그러나 가만히 있을 상호가 아니었다. 상호는 종태가 다니는 학원이 끝나는 시간에 맞추어서 학원 앞에서 기다리다 종태를 폭행했다. 늘 잘 참아 온 종태였지만 더 이상 참을 수가 없었다. 미술 시간에 가지고 갔던 커터 칼이 주머니에 있음을 떠올린 종태는 그것을 꺼내 들었다. "너 나 더 때리면 이걸로 찌를 거야"라는 말에도 상호는 눈 하나 깜빡하지 않았다. "찔러봐, 찔러봐, 이 멍청아. 찌르지도 못하는 주제에." 이 말에 종태는 그만 상호의 얼굴을 커터 칼로 그어 버리고 말았다.

아이의 친구 관계는 매우 변화무쌍하다. 이 시기의 아이들은 좌충우돌하면서 역동적으로 관계를 맺어 간다. 그러다 보니 크든 작든 간에 아이들 사이에서는 끊임없이 갈등이 반복되며, 집단 따돌림이나 학교폭력 문제를 바라볼 때 역시 그 관계의 역동성을 이해할 수 있어야 한다. 가해자와 피해자의 이분법으로 문제를 바라보면 발등에 떨어진 불만 끄는 격일 뿐 반복되고 심해지는 갈등을 해결할 수 없다.

예를 들어 한 반에서 어떤 아이가 따돌림을 당했을 때 교사가 그 아이를 보호하기만 하면 이는 아이들의 역동적인 관계를 이해하지 못한 행동이다. 지금 그 아이는 보호를 받았을지 모르지만, 다른 반이 되거나 다른 아이가 또 다른 식으로 괴롭혔을 때 더욱 대처하기 힘들어진다. 교사가 표나게 끼어드는 것보다 친구 그룹이 서로서로 도와주게끔 이끌어 주는 편이 더 바람직하다. 그러나 이러한 친구 그룹이 형성되기 위해서는 교사와 반 아이들 간의 노력과 준비가 필요하고 폭력에 반대하는 분명한 분위기를 만들어야 한다.

2장

사회성 발달에
뇌과학이 필요한 이유

진료 상담을 하다 보면 가장 많이 듣는 부모들의 하소연이 있다. "내 아이가 어쩌다 이렇게 달라졌는지 모르겠다.", "초등학교 때 얌전하고 말 잘 듣던 아이가 중학교에 가더니 딴사람이 되었다." 그러나 아이들의 변화는 당연한 것이다. 사람은 일생을 한 가지 모습으로 살아가는 것이 아니라 연령대에 따라 조금씩 변화하며 살아간다. 다만 눈여겨봐야 할 점이라면, 아이들의 발달 과정에서 변화의 핵심은 바로 '뇌의 변화'와 관련이 있다는 사실이다. 아직 미성숙한 전전두엽과 거센 물살처럼 뿜어져 나오는 성호르몬이 특히 사춘기를 지나는 아이들을 충동적이고 폭력적으로 만들기도 한다. 이 시기의 아이를 이해하기 위해서는 '요즘 애들은 왜 이럴까'라는 질문보다 '지금 아이의 뇌에서는 어떤 변화가 일어나고 있을까'를 묻는 것이 훨씬 도움이 된다.

내 아이가 어쩌다 이렇게 달라졌을까?

　사람의 뇌는 태아 때 완성되는 것이 아니다. 뇌세포는 점점 자라면서 기능적인 신경회로를 만들어 간다. 아이들이 어렸을 때를 생각해 보자. 갓 태어나서 6개월까지는 뇌가 덜 발달했기 때문에 숨 쉬고, 젖을 먹고, 토하고, 울고, 재채기하는 정도만 할 수 있다. 그러다 돌이 지나면서 손으로 물건을 집고 걷기 시작하며, 두 돌이 되면 300개 정도의 단어를 말할 수 있고, 만 3세가 되면 약 1000개의 단어를 써서 말을 하고 혼자 밥을 먹을 수 있게 된다. 만 4세가 되면 뇌의 크기가 태어났을 때보다 4배 정도 커지는데 약 1500개의 단어를 사용할 수 있고, 더불어 한쪽 다리로 뛰는 등 신체 능력도 발달한다. 이런 발달의 주요 성취는 모두 뇌 발달에 그 기초를 두고 있다.

10대에 들어서도 뇌는 지속적으로 발달한다. 예전에는 사춘기의 변화를 호르몬 분비 중심으로 설명했지만 MRI 등 의학 장비의 발달로 뇌 속을 들여다볼 수 있게 되면서 아이들이 이상행동을 하는 근본 원인이 뇌에 있음이 밝혀졌다.

아이의 뇌는 계속 자랄 뿐 아니라 구조와 기능에도 변화가 일어난다. 뇌의 변화가 급속하게 진행되기 시작한 아이들에게서는 행동 변화도 급격하게 나타난다. 그런데 그 행동의 변화가 부모나 사회가 감당하기에는 거친 방식으로 표현되기 일쑤여서 어른들은 당황할 수밖에 없다. 여기에 더불어 뇌하수체에서 남성성과 여성성을 확실하게 나타나게 하는 성호르몬이 거센 물살처럼 흘러나오기 시작하고 여러 가지 신경전달물질 시스템이 불안정하게 예민성이 증가되면서 아이들은 아동기에 비해 불안정한 상태가 된다.

뇌, 호르몬, 신체 변화의 이중 충격

왜 사춘기의 아이들이 똑같은 일에 대해 어른과 다른 반응을 보이는지 알아본 재미있는 연구가 있다. 이 시기의 아이들에게 공포, 슬픔, 분노, 놀람 등 다양한 표정을 하고 있는

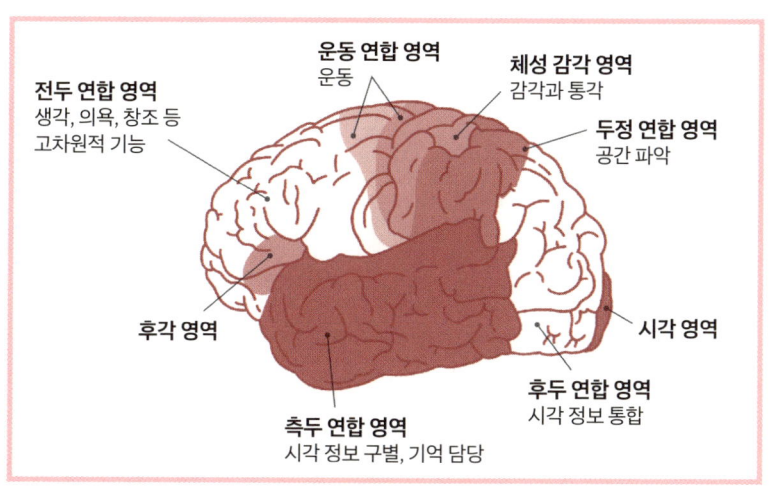

대뇌피질의 영역별 역할

얼굴 사진을 보여 주며 각각의 감정을 구분해 보게 했다. 그 결과 청소년들은 놀란 표정과 화가 난 표정을 잘 구분하지 못하는 것으로 나타났다. 사진을 보고 있는 동안 실험에 참여한 사람들의 뇌 사진을 촬영했는데 어른들은 사진을 볼 때 전전두엽을 사용해 감정을 해석하는 반면, 아이들은 편도체 활성화가 더 증가된 것으로 나타났다.

편도체는 우리 뇌에서 공포와 분노 등의 생존 감정을 담당하는 곳으로 원시시대부터 위험에서 자신을 보호하기 위해 발달시켜 온 부분이다. 아이들은 편도체를 이용해 타인의 감정을 읽기 때문에 다른 사람의 표정이나 행동을 보았을 때 이성적으로 판단하기보다는 조금만 부정적인 감정이 들어도 자신을 보호하

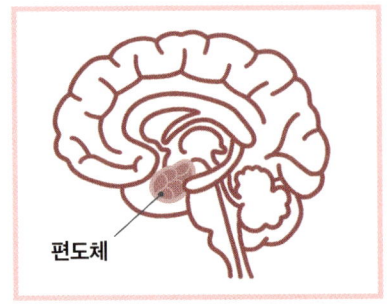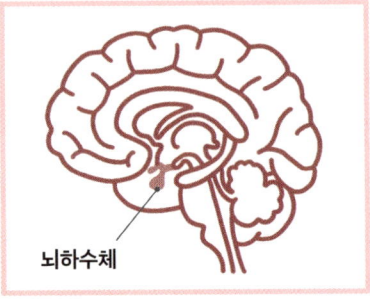

편도체

뇌하수체

아이들의 감정을 움직이는 편도체와 뇌하수체

기 위해 즉각적인 반응을 보이는 것이다.

이런 뇌의 특성 때문에 부모가 아이 말에 놀라는 반응을 보이면 아이들은 부모가 화내는 것으로 해석하기 쉽다. 친구가 농담을 건네도 자신을 비웃는다고 생각하고, 지나가며 어깨가 부딪혔을 뿐인데도 자신을 때렸다고 판단해 과격하게 행동하기도 한다. 그래서 사소한 일에도 부모에게 반항하고, 친구들과도 싸우게 되는 것이다. 상황을 이성적으로 판단하기보다 자기 마음대로 해석하는 뇌 때문에 서로가 서로를 오해하고, 충동성과 폭력성을 자제하지 못해 문제가 커지기도 한다.

이렇듯 아이의 뇌에 대해서 알면 아이들의 행동을 이해하기 쉬워진다. 또 뇌 발달 과정에 맞게 아이들을 양육할 수 있으며, 옳지 않은 행동을 효과적으로 통제할 수 있고, 감정의 혼돈으로 힘들어하는 아이들을 도울 수 있다.

아이를 키워 본 사람들은 이구동성으로 "부모나 아이나 중학교 때가 가장 힘들다"라고 이야기한다. 그 이유 역시 전전두엽에서 찾을 수 있다.

인간의 뇌는 발달하면서 '과다 생성'과 '가지치기'라는 두 가지 단계를 거친다. 과다 생성은 뇌가 실제적으로 필요한 것보다 더 많은 뉴런과 시냅스를 만들어 내는 것을 말한다. 기능을 100퍼센트 수행하기 위해 먼저 뉴런과 시냅스를 150퍼센트 만들어 낸 다음, 환경에 적응하는 과정을 통해 필요 없는 50퍼센트의 뉴런과 시냅스를 솎아 내는 방식이다. 가장 최적화된 뇌의 구조와 기능을 만들어 내는 과정에서 불필요하다고 판단된 뉴런과 시냅스를 솎아 내는 것을 가지치기라고 한다.

가지치기는 뇌가 효율적인 회로와 네트워크를 구성하는 매우 중요한 과정이다. 가지치기를 통해 성숙한 기능을 가진 뇌 회로가 완성되는 것이다. 그런데 가지치기 과정은 뇌 부위별로 큰 차이를 보인다. 우리 뇌에서 소리를 듣는 중추인 측두엽 청각 중추의 경우 임신 후반기부터 왕성한 가지치기가 일어나 출산 즈음이 되면 거의 어른 뇌와 같은 수준의 회로가 완성된다. 이렇게 일찍 청각 중추가 성숙되는 이유는 청각 중추가 생의 발달 초기에 대단히 중요한 역할을 하기 때문이다. 임신 후반기의 태아는 엄마 뱃속에서부터 소리를 들으며 엄마와 애착을 형성하고, 출생 후 엄마나 다른 가족의 소리를 듣는 자극을 통해 언어를 습득하게 된다.

반면 전두엽의 가지치기는 매우 늦게 시작된다. 연구에 따르면 10대 초반부터 가지치기가 시작되어, 청소년기 전반에 걸쳐 왕성한 가지치기가 일어난다. 우리 뇌에서 전두엽은 조절 능력을 담당하는 중요한 컨트롤 타워이다. 전두엽은 감정을 조절하고 논리적인 사고를 할 수 있도록 돕고, 행동의 결과를 예측할 수 있게 하며, 타인의 마음을 읽고 공감하는 능력을 갖게 한다. 이는 인간이 사회적으로 적응하고 고차원적으로 사고하는 데 꼭 필요한 능력으로, 이 능력이 필요해지는 시기인 사춘기에 왕성한 가지치기가 일어나는 것이다.

그런데 가지치기 과정에서 구조적·기능적으로 불안정성이 나타난다. 전전두엽의 가지치기가 가장 활발한 10대 때 전전두엽의 기능이 일시적으로 저하되기 때문이다. 전전두엽의 기능이 저하된 아이들은 사회적 인지, 감정 조절, 행동에 따른 결과 예측, 공격성 조절 등에 취약한 상태가 되어 질풍노도의 시기로 접어든다.

10대 초기는 뇌하수체에 성호르몬, 특히 남성호르몬(테스토스테론)이 급속하게 늘어나는 때이기도 하다. 문제는 양보다도 속도다. 남성호르몬의 증가 속도는 그만큼 아이들을 힘들게 한다. 남성호르몬이 증가하면 '감정 뇌'의 중요 부위들이 자극을 받게 된다. 우선 아이들을 예민하게 만들고, 힘의 논리와 영역 다툼 본성 등 동물적인 속성을 강화시킨다. 또한 '감정 뇌'의 편도체

부위를 자극해 공포, 불안 등을 증가시키기도 한다.

부모의 너그러움과 여유가 중요하다

그렇기 때문에 10대 초기에 아이들은 어려움을 이중으로 경험한다. 조절 타워인 전전두엽이 왕성한 가지치기를 하며 일시적으로 기능이 떨어지고, 뇌의 감정 기능이 예민해지면서 아이들 스스로도 혼란을 느낀다. 이런 변화는 10대 후기인 고등학교 말기부터 대학교 초기에 이르러야 어느 정도 안정화 단계에 접어든다. 성인처럼 완전한 상태는 아니지만 그전보다는 조절 기능이 회복되어 공감력도 회복된다.

힘든 시기를 보내고 있는 아이의 부모에게 가장 필요한 품성은 너그러움이 아닐까 싶다. 통제할 수 없이 일어나고 있는 뇌의 변화 속에서 때론 짜증을 내고, 때론 문제행동을 보이는 아이들을 너그럽게 감싸안아야 한다. 아이의 "짜증 나"라는 말은 곧 '힘들다'는 뜻이다. 아이의 행동 하나하나, 말 한마디 한마디에 대응하기보다는 아이가 힘든 시기를 잘 넘길 수 있도록 여유로운 마음으로 지켜보며 감싸안아 주는 지혜가 필요하다.

사회적 뇌 발달을 위협하는 시그널

아이들은 아직 미숙한 전전두엽과 호르몬의 영향으로 여러 시행착오를 겪을 수밖에 없다. 시행착오를 겪는 과정에서 친구 관계의 갈등 같은 문제가 발생하고 이를 긍정적으로 극복하면서 아이들은 한층 성숙해진다. 이는 자연스러운 발달 과정으로 아이들은 이 불안정한 시기를 지나야만 어른이 될 수 있다.

그러나 모든 아이가 거치는 발달 과정이라고 해서 이 시기의 모든 아이가 정상 범주에 있는 것은 아니다. 아이들 중 10~15퍼센트를 뇌 발달에 문제가 있는 고위험군으로 보는데, 이 아이들이 거친 폭력을 사용하는 반복적 가해자가 되는 경우가 많다. 그래서 고위험군 아이들을 빨리 찾아내어 적절한 도움을 주는 것이 갈등을 예방하는 차원에서도 중요하다.

고위험군 아이들을 발견하는 데 있어 중요한 것은 아이를 세심하게 관찰해서 아이의 행동이 정상적인지 비정상적인지 구분하는 일이다. 아이들이 거친 말을 하고 어른들의 말에 반항적인 태도를 보이는 것은 뇌 발달 미숙이라는 전제하에서 보았을 때 정상적이다. 그런데 도가 지나쳐서 친구들을 힘들게 하거나 부모와 교사를 괴롭히고도 죄책감을 느끼지 못한다면 뇌 발달에 문제가 있다고 볼 수 있다.

아이들이 친구들과 어울려 포르노 잡지를 보더라도 학교에 잘 다니고, 친구들과 잘 어울린다면 정상으로 볼 수 있다. 반면에 아이가 우울한 모습을 보이거나 '죽고 싶다'는 말을 자주 하고, 법을 어기는 행위를 한다면 도움이 필요한 상황이라고 할 수 있다.

아이가 비정상적인 행동을 할 때 부모와 교사는 즉각적으로 관심을 보이며 도움을 주어야 한다. 평소에 아이들이 보이는 위험 행동의 종류에 대해 알고 있으면 그만큼 빠르게 판단하고 대처할 수 있을 것이다. 청소년기 아이가 다음에 열거하는 모습을 2주 이상 보인다면 정서·행동 조절에 문제가 있다고 볼 수 있으므로 전문가를 찾아가는 것이 좋다.

뇌 발달 과정에서 보이는 정서적 문제들

- 이유 없이 머리나 배가 아프다고 한다.

- 좋아하던 일에 갑자기 흥미를 잃어버린다.

- 수면 습관과 식습관이 변한다.

- 친구가 없고 위축된 모습을 보인다.

- 학교에 가지 않으려고 한다.

- 여러 과목에서 성적이 떨어진다.

- 학교 수업 시간에 집중하지 못한다.

- 죽음에 대해 집착한다.

- 성격이 변한 것 같다.

- 공상과 현실을 혼동하는 경향이 있다.

뇌 발달 과정에서 보이는 행동상 문제들

- 교실에서 허락되지 않는 공격적 행동을 한다.

- 교사가 반복적으로 문제행동을 지적한다.

- 자해를 한다.

- 남의 물건을 훔친다.

- 거짓말을 한다.

- 문제행동을 저지하거나 방해하면 크게 흥분한다.

- 주변 사람에게 난폭한 행동을 한다.

- 비행 청소년들과 어울리며 규칙·규율을 무시한다.

- 자신의 잘못을 인정하지 않고 죄책감이 없어 보인다.

아이들이 정서적인 면이나 행동상 문제가 심각하게 나타날 때는 반드시 전문가의 도움을 받아야 한다. 최근에는 뇌과학 발달로 아이의 문제행동에 대한 과학적인 해결 방법이 제시되고 있다. 아이들이 심각한 문제행동을 보일 경우 많은 부모가 자신이 아이를 잘 키우지 못해 그렇다며 자책하는 경우가 많은데 다 그렇지는 않다. 아이의 발달 특성, 환경 요인 및 뇌 기능 등에 대해 치료 효과가 확인된 도움을 주면 많은 경우 아이들은 어른보다 회복 속도도 빠르므로, 조기에 문제를 발견하고 치료하면 얼마든 회복되어 건강한 삶을 살 수 있다.

제 감정을 주체하지 못하는 아이들

불안정한 컨트롤 타워, 전전두엽

전전두엽의 기능은 '목표를 설정하고, 목표 달성을 위해 계획을 세우고, 그것을 효과적인 방식으로 행하며, 문제가 생겼을 때 방향을 수정하고 성공적으로 수행하는 능력'과 관련된다. 시험공부를 할 때를 예로 들어 보자. 전전두엽이 잘 발달된 아이들은 과거의 경험을 토대로 계획을 세워서 일찍 공부를 시작하면 시험에 대한 부담이 적다는 것을 알고 그렇게 한다. 반면에 전전두엽 발달이 미숙한 아이들은 계획 수립과 단계적 실천을 하지 못하고 시험 전날까지 우왕좌왕하다 시험을 망치는 경우가 많다. 과거의 경험에 따라 판단하고 행동하기보다는 순간적인 판단과 즉흥적인 자기 욕구에 더 따르기 때문이다.

다른 예로 부모가 그동안 살아온 인생 경험을 토대로 조언해도 자신을 혼내는 소리로 여길 뿐 진지하게 받아들이지 못한다. 많은 부모가 '아이가 아무리 말해도 듣지 않고 같은 실수를 반복한다'며 한탄하는 데 그것은 아이의 성격이 삐딱하거나 부모를 싫어하기 때문이 아니라 아직 전전두엽의 발달이 미숙해서 합리적인 상황 판단을 못하기 때문이다.

아이들이 어른의 말에 반항적인 모습을 보이는 것 역시 전전두엽 발달 미숙으로 충동을 조절하기 힘든 것과 관련될 수 있다. 전전두엽은 충동 조절의 컨트롤 타워라고 할 수 있는데 보통 성인기 초기가 되어야 안정된다. 그때까지 아이들은 여전히 부모 말에 반항하고, 직접 경험을 해도 알지 못하며, 시행착오를 여러 번 반복하고서야 바른길을 찾는 모습을 보인다.

전전두엽이 충동 조절의 컨트롤 타워인 만큼 잘 발달하면 스스로 충동을 억제하고, 참을성도 높아져 과격한 행동을 억제할 수 있다. 또한 전전두엽이 잘 발달되면 어떤 일을 시작하기 전에 미리 계획을 세우고 효과적으로 수행해 성취감도 얻을 수 있다.

전전두엽 발달이 또래보다 심각하게 미숙할 때는 많은 문제를 일으킬 수 있다. 충동 조절이 안 되어 조그만 자극에도 심하게 감정을 분출한다든가 금세 후회할 일을 하고, 산만한 행동을 보인다. 또한 거짓말을 하고, 물건을 훔치거나 욕을 하는 등 잘못을 범하기도 한다. 보통 아이들 중 10~15퍼센트가 전전두엽 발달이 또래보다 느린 고위험군으로 보고되고 있고, 이 아이들이 학교폭력의 가해자 또는 피해자가 되기 쉽다.

전전두엽 기능상의 문제로 발생하는 대표적인 질환이 바로 'ADHD'라고 부르는 주의력결핍 과잉행동장애이다. ADHD를 겪는 아이들은 주의가 산만하고, 충동을 통제하는 데 어려움을 겪는다. 그래서 한 가지 과제에 일정 시간 집중하지 못하고, 다른 사람이 자신의 의견에 반대하거나 자신의 행동을 저지할 경우 발끈하거나 그 사람을 때리기도 한다. ADHD는 뇌의 문제이기 때문에 반드시 약물 치료를 통해 전전두엽의 발달을 도와야 한다.

아이의 전전두엽 발달 수준이 또래 정도인지 아니면 치료가 필요한 정도인지 판단하려면 우선 문제행동이 일시적인지 반복적인지 관찰해야 한다. 가끔씩 나타나는 행동은 크게 걱정할 필요 없지만, 자주 이상행동을 보이고 학교에 적응하지 못하는 등 일상생활에 지장을 준다면 전문가의 도움이 필요하다.

'몰입'과 '독서'가
전전두엽을 발달시킨다

전전두엽은 우리가 목표를 세우고 실행하는 데 가장 핵심적 역할을 하는 부분이다. 그래서 소아·청소년기에 전전두엽 발달이 잘 이루어지면 이후 전 인생에서 원하는 바를 실천하며 행복하게 살아가는 데 크게 도움이 된다.

전전두엽 발달을 돕는 첫 번째 방법은 좋아하는 일에 몰입하는 경험을 하는 것이다. 사람은 자신이 좋아하는 것에 몰입할 때 집중력이 가장 높아지며, 전전두엽이 최고로 활성화된다. 이 몰입 경험은 전전두엽의 발달에 큰 역할을 한다. 그러나 많은 부모들은 아이가 잘하고 좋아하는 것보다는 싫어하는 것에 집중하길 요구하는 경우가 많은 것 같아 안타깝다. 예를 들어 아이가 소설책을 좋아해서 소설책에 몰입해 있을 때, 독서 편중을 우려한 부모는 과학책이나 역사책 등을 권하곤 한다. 이럴 경우 아이는 몰입 경험을 제대로 하지도 못하며, 전전두엽을 활성화해 집중력을 제대로 발휘할 기회를 놓치고 만다. 몰입 경험을 통해 집중력을 키우고, 이를 통해 전전두엽 기능을 향상시키기 위해서는 싫어하는 것보다는 좋아하는 것을 할 수 있도록 허락하고 격려하는 것이 중요하다.

또 다른 방법은 창의력과 상상력을 자극하는 독서이다. 아이들의 상상력과 창의력을 키우는 데 있어 독서의 위력을 부인할 사람은 없을 것이다. 상상하면서 책을 읽을 때의 뇌 변화를 연구한 결과에 따르면 인간의 상상력과 창의력은 바로 전전두엽 활동에서 발생하는데, 특히 독서 과정에서 자연스럽게 경험하는 풍부한 상상들은 전전두엽을 활성화하고, 전두엽의 네트워크를 크게 키운다.

그렇다면 몰입과 상상력이 풍부한 독서의 세계로 아이를 안내하는 가장 좋은 방법은 무엇일까? 바로 부모가 함께 책을 읽는 것이다. 부모가 독서를 즐겨하거나 좋은 내용을 아이에게 들려 주는 것, 도서관에 자주 데려가는 것만으로도 아이는 스스로 책의 세계에 입문하게 되고, 전두엽 발달의 길로 접어들 것이다.

사회적 뇌 발달
체크리스트

내 아이의 전전두엽, 잘 발달하고 있을까?

아이의 전전두엽 발달 정도가 궁금하다면, 다음의 체크리스트를 읽고 해당하는 문항에 표시해 보자. 이 체크리스트는 진단 도구가 아니라, 아이의 행동을 조금 더 세심하게 바라보고 도움을 주기 위한 관찰 도구다. 평소 내 아이의 행동을 잘 떠올려 보며 점검하고, 가능하다면 아이는 물론 부모 자신도 해 보면 좋다. 많이 표시된 항목이 많을수록 아이의 전전두엽 발달에 더 관심을 갖고 살펴봐 줄 것을 권한다. 즉 감정을 다스리고 충동을 멈추고 상대의 입장을 헤아리는 힘을 기를 수 있도록 더 관심 있게 지켜보고 도와주자.

문항	확인
꼼꼼히 살피지 못해 아는 문제도 자주 틀린다.	
숙제나 집안일 등 매일 하는 일에 집중을 못 한다.	
말할 때 딴생각을 하느라 잘 듣지 않는 것처럼 보인다.	
시작한 일을 끝맺지 못하고 흐지부지 그만둔다.	
책상이나 가방 등 자기 물건을 정리하지 못한다.	
항상 주의가 산만하다.	
순서에 맞추어 계획을 세우는 것이 서툴다.	
자기 감정을 표현하는 데 어려움을 느낀다.	
타인의 기분을 이해하거나 공감하기 어려워한다.	
의욕이 부족하며 감동을 잘 느끼지 못한다.	
가만히 있어야 할 때도 몸을 계속 움직인다.	
친구 사이에서 고집을 부려 자주 갈등을 빚는다.	
너무 많이 말하거나, 반대로 거의 말하지 않는다.	
질문이 끝나기도 전에 성급하게 대답을 뱉는다.	
자기 순서나 차례를 기다리는 것을 힘들어한다.	
대화나 게임 중에 끼어들어 다른 사람을 방해한다.	
생각 없이 말하거나 충동적으로 일을 저지른다.	
꾸중을 들어도 똑같은 실수를 계속 반복한다.	

머리 좋은 아이가
사회성도 좋을까?

인간 뇌의 중요한 과제,
본능 억제

　　뇌 발달을 이야기할 때 꼭 알아야 할 부분이 대상 회다. 전두엽과 같은 '생각 뇌'가 급성장하면서 인간은 만물의 영장으로 군림할 수 있게 되었지만, 그로 인해 너무도 많은 생각에 갇혀 살게 된 측면도 있다. 감정을 억누르고 이성적으로 행동해야만 사회에 적응할 수 있게 되었고, 본능을 억제하는 것도 중요해졌다.

　　여러 사람이 어울려 살아가는 사회에서는 자신의 감정을 있

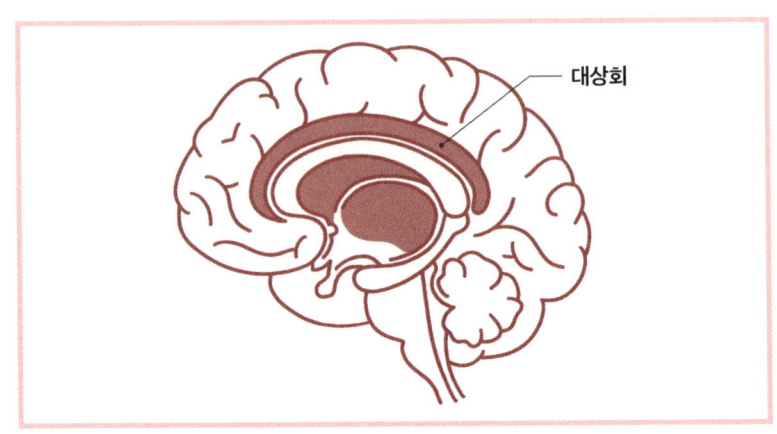

생각 뇌와 감정 뇌를 조절하는 대상회

는 그대로 드러내는 것이 곤란하다. 예를 들어 성욕과 공격성 같
은 본능을 다스리지 않고는 결코 함께 살아갈 수 없다. 얼핏 보
아서는 '생각 뇌'의 발달이 인류의 발전에 큰 공헌을 한 것 같지
만, 인간은 감정의 동물이기 때문에 감정을 잘 조절해야 하는 또
하나의 과제를 안게 된 셈이다. 패륜 범죄나 성범죄 역시 인간의
부정적인 감정을 잘 처리하지 못했을 때 발생하는 사건이라고
볼 수 있다.

생각과 감정을 조절하는 데 있어 대상회의 역할이 중요하다.
대상회는 '생각 뇌'인 전두엽을 도와 충동 조절, 판단 능력, 목적
지향성 등 인지기능을 실행하고, 동시에 '감정 뇌'를 도와 감정
처리와 분화에 영향을 미친다. 생각과 감정을 조절하는 대상회
의 역할을 '조현 기능coordination function'이라 하는데, 이 기능이 망

가지면 조현병뿐 아니라 우울증, ADHD, 불안증 등이 나타날 수 있다.

두뇌가 발달하는 과정에 있는 아이들은 조현 기능 역시 미성숙할 수밖에 없다. 그래서 때로는 감정을 격하게 폭발시키고, 때로는 지나치게 쓸데없는 걱정에 몰두한다. 실제로 친구와 갈등을 일삼거나 학교폭력 가해 아동의 뇌를 분석해 보면 대상회 영역의 발달이 저하된 것을 볼 수 있다.

정서적·인지적 활동으로 대상회 발달을 돕자

대상회가 잘 발달되면 조현 기능이 높아져서 감정 표현이 세련되어지고, 사회적으로 인정받는 태도와 타인을 돕는 배려심과 도덕성을 보인다. 대상회 발달을 돕기 위해서는 정서적인 면과 인지적인 면 모두 신경을 써야 한다. 생각의 흐름 속에 정서가 녹아나도록 유도하는 것이다.

평소에 정서와 인지를 함께 자극하는 경험을 많이 하는 편이 좋다. 정서적인 면을 키우는 방법은 감동적인 영화나 책을 보고 함께 이야기를 나누고, 음악을 듣고 그림을 그리면서 자신의 감정을 말로 표현할 수 있게 하는 것이다. 인지적인 자극으로는 인문학적 소양을 키우는 것이 도움이 된다. 철학적인 내용을 쉽게 풀이한 책을 읽고 토론하는 활동이 좋은 예다. 이렇게 정서적인 활동과 인지적인 활동의 균형이 잘 맞으면, 대상회가 안정적으로 발달할 수 있다.

호르몬의 습격을
견디는 힘

호르몬이 아이를
혼란에 빠뜨린다

아이들의 반항과 충동성, 폭력성은 전전두엽 발달이 미숙한 것도 원인이지만 바로 호르몬, 특히 테스토스테론, 에스트로겐, 프로게스테론과 같은 성호르몬의 영향도 무시할 수 없다. 성호르몬은 아동기에도 분비되지만 청소년기가 되면 그 양이 크게 늘어난다.

특히 남성호르몬인 테스토스테론은 남자아이들에게 폭발적으로 분비되어 목소리를 변하게 하고, 근육과 털이 자라게 하는 역할을 한다. 이 시기에는 테스토스테론의 분비량이 급증하는데, 청소년기가 끝날 무렵 남자아이의 몸속에는 청소년기가 시작될 때보다 테스토스테론의 양이 크게 증가하는 것으로 나타났다. 테스토스테론은 신체 변화뿐 아니라 편도체와 같은 생존 본능을 관장하는 뇌에도 영향을 주어 공격성과 분노, 성적 호기심, 영토 의식을 자극한다. 그래서 누군가 자기 영역을 침범하면 거칠게 소리를 지르거나 욕을 하고, 때로는 폭력을 행사하기도 한다.

이것은 여자아이들도 마찬가지다. 남자아이들에 비하면 테스토스테론이 적게 분비되지만, 여자아이들의 경우에도 그전보다 테스토스테론의 양이 증가하기 때문에 거칠고 공격적인 모습을 보인다.

여자아이들의 변화를 주도하는 호르몬은 에스트로겐과 프로게스테론이다. 이 시기가 되면 이들 호르몬의 영향으로 여자아이들은 생리를 하고, 가슴과 골반이 커지는 등 성인 여자가 되기 위한 신체적인 변화를 겪는다. 그런데 에스트로겐과 프로게스테론은 뇌, 더 정확히는 사람의 감정을 조절하는 신경전달물질에 영향을 미쳐 감정과 행동에 변화를 가져온다. 그래서 행복감에 하늘을 날아갈 것 같은 기분을 느끼다가도 조금 지나면 세상에서 가장 불행한 아이가 된 듯한 우울한 기분을 느끼는 것이다.

'호르몬 폭풍'을 견디게 하는 예체능 활동

10대 아이들이 "기분이 좋지 않다"라고 이야기할 때는 호르몬과 불안정한 전두엽의 영향일 수 있음을 이해할 필요가 있다. 아이들의 기분에 충분히 공감해 주고 부정적인 감정에서 빠져나올 수 있도록 대화를 하거나 함께 여가 활동을 하는 것이 좋다.

가장 좋은 방법은 운동이다. '몸이 건강해야 마음이 건강하다'는 말처럼 기분이 좋지 않으면 몸의 기능도 떨어진다. 그래서 머리가 아프고 소화가 되지 않거나 변비가 생기는 등의 증상이 나타난다. 반대로 몸 상태가 좋으면 기분도 좋아진다. 운동을 하면 폐와 근육이 튼튼해지고 뇌에도 좋은 영향을 미친다. 특히 격렬한 운동을 할 때 엔도르핀이라는 신경전달물질이 나오는데 이 물질이 사람의 기분을 좋게 만든다.

요즘 아이들은 안타깝게도 공부에 대한 부담감 때문에 운동할 시간이 많지 않다. 학교에서도 체육 시간에 운동장에서 뛰는 대신 다른 수업을 하는 경우가 많고, 특히 여자아이들의 경우에는 운동보다는 외모 가꾸기나 다이어트에 더 신경을 많이 쓰고 있다. 폭발적으로 증가하는 호르몬과 호르몬으로 인한 영향을 통제하지 못하는 미숙한 뇌 발달 때문에 힘들어하는 우리 아이들에게 운동은 좋은 해결책이라 할 수 있다.

운동과 더불어 문화·예술 활동을 하면 좋다. 악기를 연주하거나, 그림을 그리고 글을 쓰는 것과 같은 문화·예술 활동은 아이들이 호르몬 증가로 인한 몸과 마음의 변화에 적응하는 데 도움이 된다. 또한 여러 나라의 연구를 통해 폭력성을 줄이는 데도 큰 역할을 한다고 밝혀져 있으므로 아이들이 좋아하는 문화·예술 활동 중 한 가지를 정해 꾸준하게 할 수 있는 틀을 마련해 주자.

기분을 들었다 놨다 하는
아이 머릿속의 비밀

　　우리는 매일 기쁨, 슬픔, 행복, 분노, 두려움, 놀라움 등 다양한 감정을 느끼며 살아가고 있다. 이런 감정 역시 뇌에서 만들어 내는 것으로 특히 신경전달물질이 사람의 기분 변화에 크게 관여한다.

　　특히 아이들의 경우 주목할 만한 것은 도파민, 세로토닌, 아드레날린 등이다. 도파민은 아이의 발달과 학습에 대한 동기를 부여하는 데 중요한 역할을 한다. 1등이 되기 위해, 부모님의 사랑과 선생님의 칭찬을 받기 위해 열심히 노력하는 모습은 도파민 신경망이 활성화되어 있기 때문에 가능한 것이다. 하지만 도파민 신경망이 요구하는 보상과 성취는 끊임없이 남과 나를 비교

아이의 감정을 움직이는 3대 신경전달물질		
발달단계	긍정적 기능	부정적 기능
도파민	동기 부여, 학습 의욕	중독, 무기력
세로토닌	기분 안정, 만족감	우울증, 부정적 사고 (부족할 때)
아드레날린	위기 대처	불안, 분노, 공격

하게 하고, 상대적인 성취감만을 준다는 약점이 있다. 그렇기 때문에 과도한 경쟁의식 속에서 스트레스가 가중되고, 성취 뒤에 오는 정서적 허탈감을 느끼게 한다. 자신에게는 최고의 성취였는데, 주변을 보니 상대적으로 더 훌륭한 성취도 있다는 사실을 알면서 허탈해지는 것이다. 우리 뇌에는 비교를 통한 성취감이 아닌 절대적인 만족감을 느끼게 도와주는 신경전달물질이 존재하는데, 이것이 바로 세로토닌이다.

아드레날린은 위기 상황에서 분비되는 신경전달물질이다. 예를 들어 어두운 밤길에서 강도를 만났을 때 우리의 뇌에서는 아드레날린이 분비되면서 심장박동수가 빨라지고 혈압이 올라가며 만일의 사태에 대비하게 된다. 이런 의미에서 아드레날린은 '뇌 안의 고마운 알람 시스템'이라고 할 수 있다. 그런데 문제는 요즘 아이들은 아드레날린이 과도하게 분비되기 쉬운 환경에 놓여 있는 데 있다. 경쟁심과 스트레스를 자극하는 환경은 아드레날린을 과활성 상태로 만들어 위궤양. 과민성 대장증후군 등을 일으키며 이것은 불안증과 우울증으로 이어지기도 한다.

몰입의 즐거움을
알게 하는 도파민

도파민은 사람에게 동기를 갖게 하고, 목표를 정해 지속적으로 노력할 수 있게 하며, 그 결과 성취의 기쁨을 느끼게 하는 물질로, 우리가 특정 과제에 몰입할 때 왕성하게 분비된다. 특히 전두엽에서 중요하다고 판단되는 과제에 몰입할 때 도파민의 분비가 크게 증가한다.

중추신경이나 말초신경계에 분포하는 도파민 신경망의 발달이 지연되면 여러 가지 질병이 발생한다. ADHD는 도파민 신경망의 발달이 1~2년 정도 지연되어 나타나는 질병으로, 특히 도파민이 작용해야 할 전전두엽 발달이 정체되거나 지연되어 있는 것이 특징이다. 최근 도파민에 대한 연구가 활발해지면서 아이의 도파민 활성화를 도울 수 있는 방법이 알려지기 시작했다. 이는 ADHD 아동뿐 아니라 집중력과 몰입 능력을 키우고 자신의 행동과 감정을 조절해야 할 과제를 안고 있는 건강한 아이의 뇌 발달에도 도움이 되고 있다.

도파민 신경망을 건강하게 발달시키기 위해서는 임신기와 영유아기에 부모의 세심한 노력이 필요하다. 임신기에 산모가 받는 심한 심리적 스트레스와 압박감, 불안감은 도파민 신경망 발달에 장애가 된다. ADHD 아이들에 대한 연구에서도 임신기의 심각한 부부 갈등과 이혼이 ADHD 발병에 원인이 되는 것으로 나타났다. 반면에 아이와의 친밀한 신체 접촉은 도파민 분비를 촉진한다. 편안한 환경에서 엄마와 아기의 몸이 닿는 것, 수유를 해 주는 것, 자주 눈맞춤을 해 주는 것, 부드러운 언어와 노래를 통한 자극 등이 도파민 신경망을 튼튼하게 하는 효과가 있다.

아이의 도파민 신경망을 건강하게 지켜 내기 위해서 피해야 할 것들도 있다. 첫째, 담배 연기를 피해야 한다. 여러 연구를 통해 담배 연기 속에 들어 있는 유해 물질이 아이들의 도파민 신경망 발달을 방해한다는 증거들이 속속 밝혀지고 있다. 임신한 여성의 흡연과 배우자의 흡연으로 인한 간접흡연의 피해가 우리 아이들의 도파민 신경망 발달에 큰 해가 되는 것이다.

둘째는 환경독성물질에서 아이들을 보호하는 것이다. 환경독성물질의 영향은 어른에 비해 아이의 뇌에서 더욱 두드러지게 나타나는데 그중에서도 프탈레이트, BPA 등 환경호르몬이 도파민 신경망에 미치는 영향이 크다고 알려져 있다. 환경독성물질에 대한 주의는 사실 개인의 노력만으로는 힘들기 때문에 국가 차원의 규제가 필요하다.

절대적인 만족감을
느끼게 해 주는 세로토닌

세로토닌 신경망은 도파민 신경망에 비해서 훨씬 더 넓은 뇌 영역에 걸쳐 분포한다. 세로토닌은 과량의 도파민 분비로 인한 내적 스트레스와 과도한 경쟁심, 스트레스 후유증인 폭력과 충동성, 공격성을 조절한다. 사람의 전체적인 기분을 지배하고, 세상을 보는 시각을 만들어 내고, 만족과 불만족의 큰 틀을 짜는 역할을 하는 것이 세로토닌이다.

세로토닌의 역할을 보여 주는 대표적인 실험이 있다. 장난감이 가득한 방에 차례대로 두 명의 아이를 들여보낸 후 관찰했는데, 세로토닌이 풍부한 아이는 긍정적인 반응을 보인 반면 세로토닌이 결핍된 아이는 부정적인 반응을 보였다.

- 세로토닌이 풍부한 아이
  ↳ "내가 가지고 놀 장난감이 이렇게 많네. 한 가지씩 다 가지고 놀아 봐야지."

- 세로토닌이 결핍된 아이
  ↳ "이 많은 장난감을 언제 다 가지고 놀아. 정말 짜증 나."

세로토닌 차이가 만든 두 가지 반응

세로토닌 결핍이 장난감 천국에서 행복을 느껴야 할 아이의 마음을 이렇듯 우울하고 피곤하게 만든 것이다.

세로토닌은 아픔과 고통이 있어도 꿋꿋하게 딛고 일어나는 아이로 크는 데도 중요한 역할을 한다. 작은 상처쯤은 툭툭 털고 일어나는 아이, 아픔을 통해 더욱 성숙하는 아이, 어려운 현실을 더 큰 도약의 계기로 활용하는 아이는 세로토닌 신경계가 만들어 낸다.

뇌 발달 과정에 있는 아이들은 세로토닌 조절 기능이 성숙하지 않아 어른들이 이해하지 못하는 충동적인 행동과 공격성을 보이는 경우가 많다. 따라서 어릴 때부터 세로토닌 신경망을 잘 발달시키면 청소년기도 안정적으로 보낼 수 있다.

세로토닌은 다른 신경전달물질보다 음식의 영향을 더 많이 받는 것으로 알려져 있다. 도파민이나 아드레날린 등은 이미 뇌 안에 충분한 양이 존재하다가 신경세포(뉴런)의 자극을 통해 시냅스로 분비되는데 절대량은 거의 일정하다. 반면 세로토닌은 뇌에서 필요로 하는 양보다 늘 부족한 상태로 분비되는데 음식을 통해 절대량을 변화시킬 수 있다. 바로 호두, 들깨, 검은 참깨, 현미, 감자 등 필수아미노산이 많이 함유된 음식을 섭취하는 것이다. 또한 청국장, 치즈 같은 발효식품과 유제품, 바나나 등에도 풍부하므로 이를 자주 먹으면 좋다. 음식 이외에도 자연과 접하는 활동이나 스킨십, 명상 등이 세로토닌의 활성화를 돕는 것으로 알려져 있다.

분노와 경쟁심을 키우는 아드레날린 과활성화

각성, 주의력, 활력 기능을 담당하는 신경전달물질인 아드레날린은 외부의 위험에서 우리를 보호해 주는 고마운 신경전달물질이긴 하지만, 과도하게 분비되었을 경우 문제를 일으킨다. 아드레날린이 과도하게 분비되면 우리 몸과 마음은 불안정한 상태가 된다. 위기 상황이 왔다고 느끼면 아드레날린이 분비되고 스트레스 호르몬이 방출되는데, 이때 방출된 호르몬은 더 많은 피를 뇌와 몸에 공급하기 위해 심장 박동수를 증가시키고 더 많은 산소를 요구하여 호흡을 빠르게 한다. 소화 기관으로 가야 할 피의 상당 부분이 근육으로 공급되니 위와 장의 기능이 떨어져 쉽게 소화불량이 되고, 면역기능도 떨어져 감기에도 잘 걸린다. 게다가 정서적으로도 싸워 이겨야 한다는 생각이 강해지면서 타인을 돌보는 마음이 사라지고 투쟁심, 분노, 경쟁심이 생겨난다.

경쟁심과 욕심, 매일 겪는 스트레스 역시 아드레날린 시스템을 지나치게 활성화시킬 수 있다. 실제로 아이들에게 학습 동기를 불러일으킬 목적으로 부모들이 하는 이야기 중에는 경쟁심과 아드레날린 시스템을 자극하는 것들이 많다.

"너 커서 뭐가 되려고 이러니?"

"옆집 영수는 밤 12시까지 학원에서 공부하고 집에 와서도 또 한다더라."

"이번 시험 망치면 집에 들어올 생각하지 마."

공부에 대한 압박감이 가뜩이나 많은 상태에서 이런 이야기를 들으면 아드레날린 시스템이 작동하지 않을 수 없다. 내신 때문에 반 친구들이 잠재적 경쟁자가 된 예민한 상황에서 친구들과의 끊임없는 비교는 일상적 스트레스를 더욱 가중시킨다.

이런 상황이 한두 달이 아닌 1년, 2년 계속된다면 어떻게 될까? 평소의 안정된 상태를 지배하는 부교감신경계는 무너지고, 응급 상황에 대처하기 위해 작동되는 교감신경계가 몸과 마음을 지배한다. 우선 몸이 망가지기 시작한다. 소화기관이 약화되어 위궤양, 과민성 대장증후군, 장염에 자주 시달리게 된다. 면역체계도 무너져 잦은 감기, 잘 낫지 않는 상처로 고생할 수도 있고, 혈압은 높아지고 손발은 차가워진다.

　마음은 더 많이 힘들어진다. 잦은 위기의식은 불안과 공포에 민감한 상태를 만들어 사춘기 아이들은 작은 위기에도 쉽게 불안해한다. 깊은 잠을 자지 못해 피로감에 시달리고, 짜증이 많아지며 머리가 멍한 상태가 자주 나타난다. 이것은 우울증 발생 위험성을 높인다. 아드레날린 시스템 활성과 함께 늘어난 스트레스 호르몬은 우리 뇌에서 가장 취약한 부위인 해마를 공격해 해마의 신경세포를 죽게 만든다. 해마가 위축되면 기억력이 감퇴되며, 기분 변화를 조절하는 능력이 점점 떨어져 분노발작과 위축 상태가 교대로 나타나는 상황에 빠진다.

　꼭 필요한 상황에서만 아드레날린이 분비되게 하려면 평상시에 몸과 마음을 편안하게 유지해야 하는데, 이를 위해서는 부교감신경계를 활성화시켜야 한다. 부교감신경계는 자율신경계의 하나로 위급 상황이 아닌 경우에 활성화되는데 혈관에 피가 잘 흐를 수 있도록 혈관을 느슨하게 해 혈압을 낮추고, 심장박동 수를 낮게 유지하게 해 근육으로 가는 피의 양보다 소화기관으로 가는 피의 양을 늘려 소화를 촉진시킨다. 혈관도 이완되어 피부도 따뜻하게 유지되고 혈당도 낮아진다. 편안한 순간에 경험하는 안락한 신체 상태가 바로 부교감신경계가 활성화된 상태인 것이다. 이런 상태가 오래 지속될수록 우리 몸은 더 건강해지고 우리의 마음은 더 안정되며 행복감을 잘 느낀다.

따라서 교감신경계를 정말 위기 상황에서만 활동하게끔 만들고, 평소에는 부교감신경계가 아이의 몸과 마음을 안정시키게 만들자. 이를 위해서는 잠자기 전에 기분 좋은 상상, 근 이완술, 복식호흡 등을 하면 효과적이다. 학교에서도 수업 시작 전에 10분 정도 명상의 시간을 갖거나 눈을 감고 크게 숨을 마시고 내쉬는 것을 서너 차례 반복하면 마음이 안정되어 수업에 집중하는 데 도움이 된다. 이에 익숙해지면 스트레스를 받는 순간 바로바로 복식호흡을 실행할 수 있을 것이다.

내면이 강한 아이를 만드는
세로토닌 UP 아드레날린 DOWN

세로토닌 UP - 마음의 회복탄력성을 높이는 기술

뇌 안의 천연 안정제인 세로토닌은 과도한 경쟁심과 스트레스로 인한 긴장감과 공격성을 잠재우고, 세상을 긍정적으로 바라보는 틀을 만들어 준다. 일상 속의 작은 변화만으로도 아이의 마음을 단단하게 지켜 주는 세로토닌 신경망을 깨울 수 있다.

자연과 벗하기 자연과의 접촉은 편안함과 안식을 주고, 인간의 오감을 열어 준다. 산을 바라보고 숲의 향기를 맡는 것만으로도 세로토닌 신경망은 활성화된다. 시간이 날 때마다 청소년기 아이들을 동반해 산이나 계곡을 찾도록 하자. 그리고 자연을 아끼고 사랑하는 태도를 보여 주자. 자연에 감사하는 마음을 갖는 것도 세로토닌 신경망을 활성화하는 좋은 방법이다.

따뜻한 스킨십하기 학업과 경쟁에 쫓기다 보면 아이들은 따뜻한 감정을 느끼거나 사랑의 마음을 느끼는 것이 점점 어려워진다. 그렇지만 가족 간의 사랑이 이를 바꿀 수 있다. 부모의 다정한 태도가 아이들 마음에 다시 사랑을 불어넣는다. 하루 한 번씩 서로를 안아 주는 일부터 시작해 부드러운 말과 따뜻한 스킨십이 세로토닌 신경망을 활성화시킨다.

마음챙김 하기 세로토닌 신경망을 강화시키는 마음챙김 활동은 복식호흡과 같은 깊고 고른 숨쉬기를 말한다. 자신의 배꼽 위에 한쪽 손을 올려놓고 그 오르내림을 느껴 보라. 억지로 깊게 호흡하려 하지 말고 자연스럽게 호흡의 흐름을 따라가자. 아침 이른 시간이나 잠들기 전에 호흡에 집중해 보자. 처음에는 아이들이 킥킥대면서 장난스럽게 할지라도 꾸준히 하면 좋은 습관이 될 수 있다.

아드레날린 DOWN - 과열된 뇌를 식히는 기술

교감신경을 잠재우고 뇌를 안정적인 휴식 상태로 돌려놓으려면, 의도적으로 부교감신경을 활성화할 필요가 있다. 아이의 몸과 마음이 다시 평온을 찾고 행복감을 느낄 수 있도록 돕는 이완법들을 소개한다.

복식호흡 앞서 '세로토닌 신경망 활성 방법' 중 마음챙김과 마찬가지로 자신의 배꼽 위에 한쪽 손을 올려놓고 그 오르내림을 느껴 보게 한다. 억지로 깊게 호흡하려 하지 말고 자연스럽게 호흡의 흐름을 따라간다.

근 이완술 근 이완술은 우리 몸의 각 부분을 떠올리면서 그 부분이 천천히 이완된다고 상상하는 것이다. 아이들의 경우 이런 상상 기법이 어려울 수 있는데 그럴 때는 '힘 주었다 풀기'부터 해 볼 수 있다. 우리 몸의 각 부분을 돌아가면서 최대한 힘을 주었다가 천천히 힘을 빼는 연습을 하는 것이다. 예를 들어 아이의 오른손을 잡고 최대한 힘을 주어 부모의 손을 꼭 잡게 했다가 서서히 놓게 한다. 이때 아이는 서서히 손을 놓는 동작에서 이완의 느낌을 경험하고 기억하게 된다.

숨 크게 내쉬기 깊이 숨을 들이마시고 몇 초간 참는다. 그리고 천천히 숨을 내뱉는다. 숨을 크게 들이마시고 참는 동작이 폐를 확장시켜 부교감신경을 자극한다.

입술 만지기 입술을 부드럽게 만지는 것만으로도 부교감신경을 자극하며 안정을 취하는 데 도움이 된다.

상상 기법 편안한 호숫가를 떠올리고 그곳을 천천히 걷는 상상을 한다. 걷는 동안 호숫가 주변의 나무와 꽃에서 서서히 번지는 향기를 상상하며 느끼는 것도 도움이 된다.

바이오피드백biofeedback 근육 긴장도, 체온, 배와 가슴의 움직임 등의 생체지표를 측정하고, 이를 화면으로 보여 주면서 긴장도를 줄이고, 체온을 높이며, 배의 움직임을 올리고 내리는 방향으로 바꾸어 가는 연습이다. 몇 주 꾸준히 연습하면 화면을 보지 않고도 할 수 있다.

3장

내면이 단단하고
따뜻한 아이로 키우려면

친구를 따돌리는 아이나 따돌림을 당하는 아이들에게 공통적으로 나타나는 특징이 있다. 바로 '자존감'과 '공감력'이 낮다는 점이다. 자존감과 공감력이 높은 아이는 어떤 이유가 있어도 자신의 몸과 마음을 소중히 여기고, 자신이 소중한 것처럼 친구도 소중하게 대하기에 타인을 괴롭히는 행동은 하지 않는다. 타인의 감정을 느끼고 배려하는 태도는 의미 있는 인간관계를 맺고 인생을 행복하게 살아갈 수 있는 힘이다. 또한 유아기에 형성되기 시작한 자존감은 아동기에 성숙되는데, 성공과 실패를 경험하고 부모의 도움을 받거나 스스로 극복하는 과정에서 더욱 발전된다. 그 과정에서 어른들이 해야 하는 역할은 아이가 실패해도 다시 도전할 수 있는 용기를 북돋는 것이다

함께 살아가기 위해
배워야 할 7가지 역량

     사회성이 좋다는 것은 어떤 의미일까? 대부분의 부모들은 친구들을 많이 몰고 다니면서 놀이를 주도하는 아이를 사회성이 좋은 아이라고 알고 있는데 사실은 그렇지 않다. 이런 아이들은 엄밀히 말하면 자기주장이 세고 자신의 욕구가 강한 아이다. 이런 아이들은 초등 저학년까지는 친구들과 잘 놀고 별다른 문제를 일으키지 않는다. 하지만 초등 고학년이 되면서 점점 다른 아이들이 자신의 욕구대로 움직여 주지 않으면 심한 좌절을 느끼고, 심지어 자신을 따르지 않는 아이들을 따돌리기도 한다. 이런 아이들은 오히려 사회성에 문제가 있다고 봐야 한다. 동등한 관계를 맺지 못하고, 늘 타인이 자신의 의견을 따라

야만 만족하기 때문이다.

외향적인 아이는 사회성이 좋고, 내성적인 아이는 사회성이 좋지 않다고 보는 것도 편견이다. 외향적인 아이는 타인과 친구가 되는 데 시간이 적게 걸리고 다양하게 사귀는 반면, 내성적인 아이는 친구를 사귀는 데 시간이 조금 더 걸리고 소수의 사람과 깊은 관계를 맺기를 원하는 점이 다를 뿐이다.

'사회성이 좋다'는 말의 진짜 의미는 자신의 의견을 제대로 표현하고 다른 사람의 의견에 귀 기울이면서 건강하고 동등한 관계를 맺을 줄 아는 것이다. 사회성이 좋으려면 기본적으로 자존감이 높아야 하며, 자존감을 키우는 근원은 부모의 사랑이다. 부모가 자신을 지지해 주고, 도와주고 사랑해 준다는 사실만 아이가 느끼고 있다면 아이의 사회성은 꾸준히 발전한다.

아이가 다양한 경험을 하도록 해 주는 것도 사회성을 높이는 데 기여한다. 학교에서뿐 아니라 여러 단체에서 교류하는 경험을 할 기회를 주면 사회성이 높아지며, 일회성보다는 지속성을 가질 수 있는 단체를 통하는 것이 사회성 발달에 더욱 도움이 된다.

사회성은 친구 관계에서 일어날 수 있는 갈등에서 아이를 지키는 큰 힘이다. 사회성 발달 자체가 갈등이나 나아가 학교폭력의 가능성을 줄여 줄 뿐 아니라, 혹시 따돌림을 당하더라도 그 상황에만 매몰될 가능성을 낮춘다. 예를 들어 꾸준히 종교 활동이나 봉사활동을 하고, 그 속에서 인정받고 즐거움을 느끼고 있다면 혹시 학교에서 집단 따돌림을 경험하더라도 다른 관계들을 통해 극복해 낼 가능성이 높다.

희영이는 학기 초부터 반에서 인기 있는 그룹의 아이들과 어울리고 싶어 했다. 처음에 그 아이들은 희영이를 그룹에 끼워 주었지만, 어느 순간에 사소한 이유로 희영이를 은밀하게 따돌렸다. 희영이는 한순간에 같이 밥 먹을 친구도, 수다를 떨 친구도 없어졌다. 희영이 엄마는 아이의 이야기를 듣고 희영이를 따돌리는 친구들을 찾아가 문제를 해결하려고 하다가 그만두었다. 어른이 개입해 봐야 문제가 해결되지 않을 것이라 직감적으로 느꼈기 때문이다. 대신 희영이가 평소에 다니고 싶어 하던 인문학 강좌를 듣게 하고, 그 강좌의 소모임에서 지속적으로 활동하게 했다. 또한 종교 활동도 지지해 주었다. 전에는 공부에 방해가 된다는 이유로 막았던 활동들이었다. 처음에는 희영이의 상실감이 컸지만 모임에서 친구도 사귀고, 보람도 느끼면서 예전의 활기를 되찾았으며, 학급의 다른 친구들과도 자연스럽게 사귀기 시작했다.

그래서 사회성을 키운다는 것은 '친구를 많이 사귀게 하는 것'이 아니라, 관계 속에서 흔들릴 때 다시 중심을 잡고 회복하는

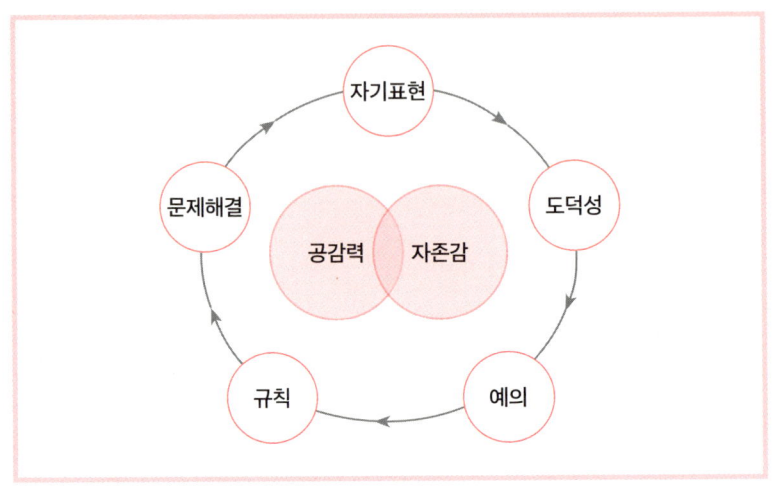

아이의 사회성 발달에 필요한 일곱 가지 역량

힘을 키우는 것이다. 또한 사회성은 하나의 성격 특성이 아니라, 여러 능력이 함께 작동한 결과다. 아이가 친구 관계에서 갈등을 겪을 때, 그것을 어떤 방식으로 해석하고 반응하며 어떻게 회복하는지는 몇 가지 핵심 요소에 따라 결정된다. 지금부터는 공감력, 자존감, 문제해결능력, 자기표현능력, 도덕성, 예의, 규칙 지키기 등 관계의 토대가 되는 일곱 가지 요소를 순서대로 살펴볼 것이다. 각 요소는 따로 떼어서 훈련할 수도 있지만, 실제 관계에서는 동시에 작동한다. 그 출발점이 되는 공감력부터 이야기해 보자.

친구의 마음을 읽어야 대처할 수 있다

공감력은 어떤 문제가 생겼을 때 그 문제를 다른 사람의 입장에서 생각하는 능력을 말한다. 공감력이 높은 아이는 상황 판단이 빠르고 다른 사람의 마음을 잘 이해하기 때문에 친구들과 갈등이 생겼을 때 더 유연하게 대처할 수 있다. 예를 들어 친구가 왜 화를 내는지 금방 눈치채고 원인을 해결한다. 또한 자신의 분노도 잘 다스릴 줄 알아서, 누군가가 자신을 괴롭히려고 할 때 지나치게 화를 내서 그 아이를 더 크게 자극하는 식의 일이 없다. 나아가 친구의 어려운 상황을 목격하면 무심히 넘기지 않고 돕기 위해 노력을 기울인다. 친구의 고통을 잘 이해하기 때문이다. 그러니 따돌림당할 위험이 적을 수밖에 없다. 지금부터라도 이 공감력을 키워 주려면 어떻게 해야 할까?

첫째, 아이가 자신의 감정을 잘 표현하도록 열린 분위기를 만들어야 한다. 자신의 감정을 말로 표현하는 데도 훈련이 필요하다. 아이가 친구에게 괴롭힘을 당했을 때 그 전후 사정을 듣는 것도 중요하지만 그때 아이의 기분이 어땠는지 구체적으로 물어보는 것이 좋다. 남자아이들은 자신의 감정을 드러내지 않도록 길러졌기 때문에 이런 능력이 부족할 수 있는데, 특히 사춘기가 되면 자신의 감정을 표현하는 것이 남자답지 못한 일이라고 생각해 잘 표현하지 않으려고 하는 경향이 있다. 부모도 '남자아이니까 감정 표현을 못하는 게 당연해'라면서 무심히 넘기기 쉽다. 하지만 아이에게 자신의 감정을 표현하는 행동은 남자답지 못한 것이 아니라는 점과 '사람이라면 누구나 감정을 자연스럽게 표현할 수 있어야 한다'고 가르쳐 주어야 한다. 자신의 감정을 잘 표현하는 아이가 공감력도 뛰어나다.

둘째, 아이가 자신의 감정을 이야기했을 때 그에 공감하라. 평소에 부모와의 대화를 통해 자신의 감정이 잘 받아들여지고, 공감을 받아 본 아이들은 타인의 감정도 자연스럽게 읽는다. 혹시 가정에서 아래와 같은 대화가 부족하지는 않았는지 먼저 점검해 보자.

아이 : 엄마, 오늘 반 친구가 아무 이유 없이 나를 밀쳤어.
엄마 : 그래서?
아이 : 너무 아파서 하지 말라고 했지.
엄마 : 너무 속상했겠다. 엄마가 뭐 도와줄 거 없을까?
아이 : 아니, 또 그러면 그때 도와달라고 할게.

이렇게 아이의 감정에만 잘 공감해 주어도 문제가 커지지 않는 효과를 얻을 수 있다. 다른 사람에게 표현한 자신의 감정이 온전히 받아들여지는 경험을 한 아이들은 다른 사람의 감정도 잘 읽을 수 있다.

셋째, 일방향 소통보다는 쌍방향 소통이 가능한 활동이 필요하다. 게임이나 영상 매체는 쌍방향 소통이 아니고 일방향 소통 매체이기 때문에 타인의 감정을 읽는 공감력을 키우는 데 방해가 된다. 게다가 잔인하고 폭력적인 장면이 반복적으로 나오기 때문에 다른 사람이 폭력을 쓰는 것이 별일 아니라고 생각하게 만드는 경향이 있다. 그보다는 독서나 여행, 문화 활동을 많이 하는 것이 공감력 향상에 도움이 된다. 독서나 여행을 통해 나와는 전혀 다른 세상과 사람의 마음을 직·간접적으로나마 경험하면 친구에 대한 공감력도 길러진다.

❷ 자존감

아이도 인격이 있는 존재임을 항상 기억하자

아이의 자존감을 키워 주어야 한다고 해서 아이가 잘못을 해도 그냥 넘기는 부모들이 있는데, 잘못한 행동에 대해서는 분명하게 혼을 내야 한다. 다만 혼을 내다 보면 흥분해서 아이에게 상처를 주는 말을 내뱉는 경우가 많다. 아이의 자존감을 지켜 주면서도 잘못한 일에 대해서는 제대로 혼을 내려면 침착함을 유지해야 한다. 부모가 다짜고짜 화를 내면 아이는 자신의 잘못을 뉘우치기보다는 '뭘 그런 것 가지고 저렇게 화를 내나'

하며 부모를 원망하기 쉽다. 특히 청소년기에 접어든 아이들은 도리어 부모를 얕잡아 보거나 공격성을 유발할 수도 있다. 감정을 자제하기 어려울 때는 잠시 그 상황을 피하는 것도 방법이다.

아이를 혼낼 때는 부드럽지만 단호한 태도로 접근하는 것이 좋다. 다른 아이와 비교한다거나 "네가 그럼 그렇지" 하며 무시하는 말을 해서는 안 된다. 부모는 충격 요법이라며 다른 아이와 비교하지만, 아이는 부모가 자신의 존재를 부정한다는 느낌을 받아 오히려 자존감이 낮아진다. 혼낼 때는 내 아이지만 인격이 있는 존재라는 점을 인식하고 잘못된 행동에 대해서만 지적해야 한다.

잘못된 행동을 지적할 때 예전 일까지 끄집어내어 시시콜콜 이야기하는 것은 금물이며, 현재 벌어진 잘못에 대해서만 간단하게 지적해야 한다. 아이가 짜증을 내거나 반항을 한다고 해서 쉽게 태도를 바꿔 허용적인 모습을 보이는 것도 좋지 않다. 원칙 하에 아이가 한 잘못이 친구 관계에 어떤 영향을 미치게 되는지 객관적으로 알려 주어야 한다.

❸ 문제해결력
경청과 공감으로 자발적 해결능력을 기른다

어렸을 때부터 부모가 나서서 아이의 문제를 해

결해 주면 아이는 자발적 문제해결능력을 키우기가 힘들다. 성인이 되어서도 자신의 문제를 부모에게 의지하는 현상을 숱하게 보게 되는데, 바로 자라면서 문제해결능력을 갖추지 못했기 때문이다. 아이가 친구와의 갈등을 스스로 해결하는 능력이 없으면 사춘기 때부터는 친구 관계도 위태로울 수 있다. 사실 사춘기에 이르면 아이의 문제에 부모가 직접적으로 개입하기 어려워진다. 잘못 개입했다가는 사소한 갈등이 심각한 문제로 발전할 수도 있기 때문이다.

지금 아이에게 필요한 것은 '갈등'이 '학교폭력'으로 이어지기 전에 스스로 해결하는 능력이다. 이런 능력을 길러 주려면 평소에 아이가 자신의 주장을 잘 펼칠 수 있도록 잘 귀 기울여 주어야 한다. 부모가 "그렇게 하면 안 돼", "내가 시키는 대로 해"라고 이야기하는 습관이 있다면 그것부터 고쳐야 할 것이다. 부모의 역할은 아이 스스로 대처법을 생각해 이야기하도록 유도하고, 아이의 느낌과 생각에 깊이 공감을 해 주는 정도에서 그쳐야 한다. 공감만 잘해도 아이의 문제해결능력이 쑥쑥 높아진다.

물론 아이가 괴로움에 처한 모습을 지켜보는 것은 부모들에게 힘든 일이다. 당장 달려가 대신 해결하고 싶겠지만, 갈등을 해결하는 과정 자체가 그 능력을 키우는 일이며, 꼭 필요한 교육임을 잊어서는 안 된다. 성인이 되어 사회생활을 하면서도 동료와의 갈등이나 따돌림 같은 일은 비일비재하게 일어날 것이기에 지금부터 연습이 필요하다.

'너 때문에' 대신에 '나는'으로 표현한다

친구가 자신을 괴롭히거나 따돌리려고 할 때 똑같이 공격적으로 상대를 대하기보다는 흥분하지 않고 명확하게 자신의 의사를 표현하는 것이 중요하다. 사실 아이들에게 공격적으로 대응하는 것과 명확하게 자신의 의사를 표현하는 것의 차이를 알려 주기란 쉽지 않다. 또한 머리로는 알아도 실제 상황이 되면 자신이 받은 대로 공격적으로 대응하거나, 의사 표현을 하지 못하고 움츠러들기 십상이다.

이때는 맞대응과 의사 표현이라는 두 가지 대응 방식에 따라 상황이 어떻게 달라지는지 이야기해 주면서 아이를 설득시켜야 한다. 괴롭힘을 당했을 때 공격적으로 대응하면 상대방 아이의 감정을 자극하게 되고 자신의 감정도 조절할 수 없어 큰 싸움으로 번지는 경우가 많다. 반대로 흥분하지 않고 명확하게 의사 표현을 하면 많은 경우 괴롭히던 아이가 살짝 한발 뒤로 물러서는 경향이 있다.

자기표현을 잘하기 위해서는 '나'를 주어로 이야기하는 습관을 들이는 것이 좋다. 친구가 자신에게 좋지 않은 행동을 했을 때

"너 때문에 이렇게 되었잖아"라고 하기보다는 "나는 네가 그런 행동을 해서 기분이 나빠"라는 식으로 이야기하는 편이 문제해결에 도움이 된다. 이를 '나 전달법'이라고 하는데 친구 관계뿐 아니라 타인과 대화할 때 유용한 대화법이다.

'나 전달법'을 이용해 명확하게 자기 의사를 말했음에도 불구하고 괴롭힘이 이어진다면 '고장 난 라디오' 방법을 사용해 보는 것도 대응책이 될 수 있다. 상대방이 어떤 말을 하든지 자신을 괴롭히는 행동을 멈출 때까지 자신의 주장을 반복해서 이야기하는 것이다. 이때는 흥분하지 않고 침착하면서도 명확한 톤의 목소리로 이야기하는 것이 효과적이다.

❺ 도덕성

옳지 않은 행동 앞에서 당당할 수 있다

옳고 그른 것을 판단할 줄 아는 아이들은 다른 아이들이 놀리거나 괴롭히더라도 적절하게 대처할 수가 있다. 내가 옳다고 생각하는 것에 대한 확신이 있기 때문에 당당하게 맞설 수 있는 것이다. 그런 의미에서 평소에 옳고 그름을 판단할 수 있는 능력인 도덕성을 키워 주는 것이 무엇보다 중요하다.

자신이 생각할 때 도덕적으로 옳지 않는 행동을 하는 아이에 대해 분명하게 이야기할 수 있는 능력이 도덕성이다. 다른 아이가 자신을 괴롭히려고 할 때 도덕성이 높은 아이들은 "하지 마"라고 강력하게 요구할 수 있다. 하지만 요즘 아이들은 도덕적인 것은 고리타분하다고 여기고, 도덕적으로 올바른 것에 거부감을 나타내기도 한다. 심지어는 욕을 하고, 친구들끼리 폭력을 사용하는 것이 또래 문화로 인식되고 있다.

이는 아이들만의 잘못이 아니다. TV, 각종 영상, 게임 등 자극적인 매체를 즐기며 자란 아이들은 옳고 그름을 판단하려고 하지 않는다. 도덕적인 것은 재미없고 심지어 의미 없는 것이라고까지 생각하기도 한다. 이런 문화에서 우리 아이들을 완벽히 보호하는 것은 불가능해 보인다. 하지만 부모마저 그 끈을 놓아 버린다면 아이들은 도덕성을 배울 곳이 없다. 학교 탓, 사회 탓 이전에 가정부터 돌아봐야 하는 이유가 여기에 있다. 가정에서만큼은 일관되게 도덕성을 가르쳐야 한다.

도덕성은 타고나는 것도, 하루아침에 만들어지는 것도 아니다. 하루하루 작은 실천을 통해 길러진 도덕성은 우리 아이들이 어려움에 부딪혔을 때 빛을 발한다. 도덕성을 기르려면, 첫째로 부모 스스로가 아이의 역할 모델이 되어야 한다. 부모는 도덕성이 없는데, 아이가 도덕성을 갖는다는 것은 있을 수 없는 일이다. 도덕성은 아이에게 말로 가르치는 것이 아니라 삶 속에서 부모 스스로 행동으로 보여 주어야 한다. 부모가 자신이 생각하는 바에 따라 올바르게 행동한다면 아이도 도덕성을 가질 수밖에 없다.

둘째, 아이를 권위로 굴복시키지 말아야 한다. 아이를 강압적으로 대하고, 대화가 아닌 권위나 폭력으로 훈육하려 한다면 권위에 약한 사람으로 자란다. 반에서 학교폭력을 주도하는 아이의 편에 서거나, 학교폭력을 당했을 때 가해한 아이에게 당당하게 맞서지 못할 수도 있다.

셋째, 아이가 도덕적으로 올바른 행동을 했을 때는 칭찬을 많이 해 주어야 한다. 도덕적인 행동을 한 것은 당연하다며 칭찬하지 않는다면, 아이는 굳이 힘들게 도덕적으로 행동해 봤자 자신만 손해라는 생각을 갖게 될 수 있다. 친구가 학교폭력을 당할 때 역시 뒷짐을 지고 나서지 않는 것이다.

도덕적인 행동을 했을 때 칭찬을 받았던 아이라면 따돌림당하는 아이를 도와주는 일이 무척 힘들긴 하지만, 그만큼 의미 있고 보람된 일이라는 생각을 갖고 문제에 적극적으로 임하게 된다. 도덕성 발달은 생각처럼 쉽지 않고 단시간에 이루어지지도 않는다. 하지만 내 아이의 인생에 있어서 무엇보다 중요한 덕목임을 잊지 말아야 한다. 도덕성은 훗날 아이의 가장 큰 경쟁력이 될 것이다.

장난을 멈추어야 할 때를 스스로 안다

예의 바르게 행동한다는 것은 타인을 존중하고, 나 자신도 타인에게 존중받아야 함을 아는 것이다. 예의 바르게 행동한다면 갈등의 위기에서 쉽게 벗어날 수 있을 것이다.

사실 학교폭력은 장난이 지나쳐서 생기는 경우가 꽤 된다. 또래끼리는 늘 비슷한 장난을 치는 것 같지만 그만두어야 할 때를 알고 그만두는 아이들이 있고, 지나쳐서 문제를 만드는 아이들도 있다. 상대에 불쾌감을 줄 것 같은 순간에 스스로 장난을 멈춘다면 예의 바른 아이라 할 수 있다. 이런 아이는 어릴 때부터 예의를 중요하게 여기는 부모를 보며 예의의 중요성을 몸에 익혔을 것이다.

타인을 존중하는 아이로 키우려면 아이 스스로 자신을 소중히 여기도록 해야 한다. 자기 자신을 소중히 여기는 사람은 타인도 소중하다는 점을 잊지 않는다. 부모가 아이를 무시하는 투로 대한다면 아이에게 존중을 가르칠 수 없다. 부모도 아이를 존중하는 자세로 대해야 아이 역시 자신뿐 아니라 타인도 존중하게 된다.

하지만 어디로 튈지 모르는 럭비공 같은 아이들을 존중하는 자세로만 대하기는 쉽지 않다. 실제로 평범한 아이와 평범한 부모의 대화를 살펴보면, 존중의 말을 한 번 사용할 때 무시하는 투의 말은 열 번 넘게 사용한다는 연구 결과도 있다. 아이가 마음에 들지 않는 행동을 했을 때 폭언과 폭력보다는 존중하는 마음으로 대화를 통해 설득해야 한다. 이렇게 하기 위해서는 부모의 인내가 필요하다.

대부분의 부모들은 청소년기에 접어든 아이들이라면 타인을 존중해야 한다는 것쯤은 안다고 생각하고 '존중'을 가르치는 것을 중요하게 여기지 않는다. 그렇지만 타인을 존중하는 것을 '일상화'하기 위해 노력해야 한다. 타인을 존중하는 것은 어려운 일 같지만, 평소의 작은 습관 하나에서 시작된다. 식사할 때 "잘 먹겠습니다", 타인과 몸이 스쳤을 때 "죄송합니다" 같은 말들이 자연스럽게 나올 수 있도록 이끌어 주자.

❼ 규칙 지키기

공정한 잣대로 갈등을 풀게 하라

학령기의 아이들은 공부 스트레스에 시달린다. 공부를 잘하면 학교에서 인정받지만 공부를 못하면 인정받지 못하기 때문에 기를 쓰고 친구와 경쟁한다. 학교와 사회의 이런 분위기 속에서 아이들은 공정함보다는 경쟁에서 이기는 것을 중시한다.

경쟁이 무조건 나쁜 것은 아니지만 그 경쟁의 잣대가 오로지

'성적'이라는 것이 문제다. '열심히 공부하면 누구나 1등을 할 수 있어'라고 이야기하지만 공부도 재능이다. 공부에 재능이 있는 아이들은 학교에서 인정받지만, 공부 재능이 없는 아이들은 더 많은 노력을 했음에도 무시당하기 쉽다.

사회의 모습도 다르지 않다. 어떤 방법으로든 부와 명예를 가지면 인정을 받는다. 학교나 사회 어디서든 공정한 게임의 룰이 잘 적용되지 않기 때문에 아이들 역시 공정함이라는 잣대보다는 누가 더 힘이 센가, 누가 더 인기가 많나 하는 논리로 친구를 대하게 된다. 그러다 보니 갈등이나 학교폭력 문제가 생겨도 피해 아이는 숨어 다니고, 가해 아이는 오히려 당당히 학교를 다니는 일들이 벌어진다. 그러나 공정한 사회에서 자란 아이들은 어떤 일이 생겼을 때 원칙에 따라 공정하게 문제를 해결하려고 노력할 것이고, 그런 태도는 다른 친구들의 지지를 받을 것이다.

아이에게 공정함을 가르치려면 평소에 팀 스포츠 또는 팀 게임 활동을 많이 하는 것이 효과적이다. 공정한 규칙이 있는 운동과 게임을 하다 보면 선의의 경쟁이 무엇인지 깨닫게 된다. 또한 부모가 아이의 이야기를 들어줄 때 무조건 내 아이의 편을 들기보다는 공정하게 판단하는 태도가 중요하다. 가족 간에도 평소에 지켜야 할 규칙을 만들어 지키게 하면 공정함이 자연스럽게 몸에 밸 것이다.

관계를 잘 다루는 아이의
친구 사귀는 기술

요즘 같은 사회에서는 아이가 친구들과 잘 지내고 친구들 사이에서 인기가 많은 것만으로도 부모는 한시름 놓게 되는 분위기다. 친구들 사이에서 인기 있는 아이들의 특징을 살펴보면, 앞에서 다룬 일곱 가지 역량 가운데 특히 '공감력'과 '자존감'이 높은 것으로 나타난다. '자신이 가치 있는 존재'라는 자존감을 가진 아이들은 친구를 대할 때도 존중하는 마음을 가지고 있다. 자신이 가치 있는 것처럼 친구도 가치 있는 존재라고 생각해서 함부로 대하지 않고, 친구의 기쁨도 아픔도 깊이 공감한다.

이런 아이들은 자신만의 친구 사귀는 기술도 몇 가지 가지고 있다. 이 기술은 친구를 사귀는 일뿐 아니라 아이들이 앞으로 인생을 살아가는 데 있어 꼭 필요한 것들로, '배려', '솔직함', '칭찬'이라는 세 가지 키워드로 정리할 수 있다.

친구를 사귀는 기술 ❶

배려하기

배려란 상대방을 도와주거나 보살펴 주기 위해 마음을 쓰는 것을 말한다. 배려는 사람과 사람 사이를 연결해 주고, 사람을 기분 좋게 만드는 힘으로, 친구를 사귀는 데 있어 핵심적인 기술이다. 친구를 잘 사귀는 아이들은 자신의 의견을 내세우기 전에 친구들의 생각과 입장을 먼저 생각한다. 또한 친구들에게 따뜻한 말을 많이 한다. 친구가 사소한 실수를 했을 때 화를 내기보다는 "괜찮아, 실수로 그럴 수 있지, 뭐" 하며 넘어가고, 친구가 힘들어할 때 위로의 말을 건넨다. 친구가 준비물을 가져오지 않았을 때 잘 빌려 주고, 친구가 청소를 할 때도 잘 도와준다. 주변에 친구들과 잘 어울리지 못하는 아이가 있으면 먼저 다가가서 말을 걸어 주는 것이 배려 많은 아이들의 특징이다.

아이들의 배려심을 키워 주기 위해서는 부모가 먼저 배려하는 모습을 보여야 한다. 하루 종일 가족들을 위해 열심히 일하는 아빠를 위해 맛있는 음식을 준비하는 엄마의 모습, 집안일에 지친 엄마를 위해 주말에 청소와 빨래를 하는 아빠의 모습을 보며 아이들은 자연스럽게 배려를 배운다. 엘리베이터를 탈 때 나중에 타는 사람을 위해 열림 버튼을 누르고 기다려 준다든가 운전할 때 양보하는 모습을 보며 배려를 실천하는 구체적인 행동을 배운다. 특히 사춘기 아이들에게는 부모의 열 마디 말보다 한 번의 실천이 더 큰 효과를 발휘한다.

당장 아이와 실천할 수 있는 쉬운 일부터 시작하고, 사람들을 직접 만나 봉사를 하는 것이 힘들다면 용돈의 일부를 저축해서 기부를 하도록 이끄는 것도 좋다. 기부 대상은 여러 정보를 토대로 하되 결정은 아이와 함께하는데, 봉사활동이나 기부를 통해 아이들은 더불어 사는 세상을 온몸으로 느끼게 되고 아울러 배려심도 키울 수 있다.

친구를 사귀는 기술 ❷
솔직하기

어른이나 아이나 사람들은 솔직함을 좋아한다. 이는 친구 관계에서도 마찬가지다. 친구들 사이의 사소한 오해가 다툼으로 번지는 사건의 대부분은 솔직하지 못한 태도에서 시작된다. 솔직하게 이야기하면 풀 수 있는 문제를 '자존심 때문에', '친구가 실망할까 봐' 등 여러 가지 이유로 솔직하지 못하게 이야기하다 보니 오해가 더 커지는 것이다.

친구들에게 인기가 많은 아이들은 자신의 모습을 솔직하게 보여준다. 잘난 척하지 않고, 그렇다고 자신의 능력을 과소평가해 이야기하지도 않는다. 자신이 잘못한 것이 있을 때는 솔직하게 말하며 사과하고, 친구들의 의견에 대해서도 진솔하게 자신의 의견을 이야기한다.

솔직함은 자신감에서 나온다. 자신감이 없으면 친구가 떠날까 봐 의견이나 고민을 솔직하게 이야기하지 못하는 경우가 많다. 또한 친구에 대한 의존성도 강해져 속마음을 숨기고 친구들이 하자는 대로 따라 하지만 친구들에게 인정받지는 못한다. 대부분의 아이들은 솔직하고 당당한 친구를 좋아하기 때문이다.

솔직함을 가로막는 최대 장벽은 두려움이다. 엄마한테 혼날까 봐, 선생님한테 혼날까 봐, 친구들이 미워할까 봐 거짓말을 하게 되는 것이다. 아이가 솔직하지 못한 모습을 보인다면 그동안 부모가 아이의 잘못에 대해 너무 엄격하게 반응하지는 않았는지 되돌아보아야 한다. 숨김 없는 아이로 키우고자 한다면 아이의 작은 잘못은 눈감아 주고, 아이가 커갈수록 아이에게도 비밀이 있다는 것을 인정해 주어야 한다. 또 아이가 잘못한 경우라도 솔직하게 이야기했을 때는 잘못보다는 솔직함을 칭찬해 주는 자세가 필요하다. 집에서 솔직하게 이야기하는 아이는 친구들과도 흉금을 터놓기 마련이다.

칭찬하기

"칭찬은 고래도 춤추게 한다"라는 말을 알면서도 살다 보면 칭찬에 인색한 경우가 많다는 사실을 실감할 때가 많다. 별것도 아닌 일로 비난을 하고 불평을 늘어놓는 경우를 자주 보게 되는데, 문제는 어느 누구도 쉽게 비난하고 불평을 늘어놓는 사람을 좋아하지 않는다는 점이다. 인기 있는 아이들을 보면 친구의 말에 괜스레 토를 달거나 비난하기보다는 좋은 점을 부각시켜 칭찬하는 경우가 많다. 친구의 재능과 성격을 칭찬하고 옷차림과 헤어스타일에 대해서도 칭찬을 아끼지 않는다.

아이가 친구를 잘 사귀도록 하려면 칭찬을 가르치자. 독일의 철학자 막스 뮐러Max Müller는 '칭찬은 배워야 할 예술'이라고 이야기했다. 즉 아이들이 어느 날 갑자기 칭찬을 하게 되는 것이 아니라, 학습을 통해서 배워야 칭찬을 할 수 있다는 뜻이다. 칭찬을 듣고 싶은 사람들의 욕구는 식욕만큼이나 강하다고 한다. 대부분의 아이들은 자신을 칭찬해 주는 친구를 좋아하고, 그 아이와 함께 지내고 싶어 한다.

칭찬을 가르칠 때는 칭찬이 아첨을 하거나 비위를 맞추는 일이 아님을 알려 주어야 한다. 아첨은 무성의하게 하는 말로, 말하는 순간 환심을 사려고 일부러 하는 말임을 친구가 먼저 느낀다.

칭찬은 진심으로 하는 것으로, 그 진정성이 친구에게 전해진다.

진심을 담은 칭찬을 하기 위해서는 상대방의 장점을 발견할 수 있어야 한다. '저 애는 이래서 싫고, 이 애는 이래서 기분 나쁘다'는 식으로 단점 찾기에 익숙한 아이라면, '이 친구는 이런 면이 좋고, 저 친구는 이래서 좋다'는 식으로 생각을 전환하도록 도와주자. "모든 사람에게서 배운다"라는 격언처럼 친구의 좋은 점, 내가 닮고 싶은 점을 찾아내어 이야기한다면 진심이 담긴 칭찬을 할 수 있다.

그에 앞서 부모와 교사가 먼저 아이들에게 진심 어린 칭찬을 해 주는 것이 좋다. 아이의 사기를 올려 주기 위해 작은 일을 과장되게 칭찬하기보다는 아이 수준에 맞는 표현으로 노력의 결과보다 과정을 칭찬해 주는 것이 중요하다. 예를 들어 축구를 좋아하는 아이에게 '위대한 축구선수'라고 칭찬해 주는 것은 오히려 부담이 된다. 아이들 사이에서의 칭찬과 마찬가지로 비위를 맞추거나 아이에게 잘 보이기 위한 말보다는 진심 어린 표현이 칭찬에 도움이 된다.

"공감은 지능이다"
뇌 진화의 결정판

친구 관계에서 갈등 원인 중 하나는 공감력의 부족이다. 내가 이런 행동을 했을 때 상대방이 어떤 기분일지 알지 못하기 때문에 상대방을 괴롭히고, 괴로워하는 친구를 보면서도 죄책감을 느끼지 못하는 것이다. 반복적으로 가해 행동을 하는 학생들의 뇌 MRI를 찍어 보면 공감력을 관할하는 전두엽이 미성숙한 것이 상당수 관찰된다. 공감력이 부족한 아이들은 고통스러워하는 사람의 표정을 보여 주어도 반응이 없고, 심지어는 누가 봐도 알 수 있는 슬픈 표정과 놀란 표정도 구별하지 못한다.

공감력의 바탕이 되는 사회성은 뇌의 진화가 가져다준 선물이다. 낳기만 하고 자녀를 전혀 돌보지 않는 양서류나 파충류에 비해, 더 진화한 조류와 포유류는 자녀를 낳고 돌보는 생활양식을 가지고 살아간다. 이에 따라 뇌의 진화도 그전에 존재하지 않던 '좋은 파트너를 결정하는 법', '먹이를 나누는 법', '어린 자녀를 돌보는 법'에 대한 신경회로를 형성하는 쪽으로 이루어졌다.

그 후 유인원류의 조상이 나타나면서 자녀를 돌보는 것뿐 아니라 서로의 털을 쓰다듬어 주고, 사냥을 함께하고 먹을 것을 나누는 등 더 사회성이 발달하게 되었고, 같은 유인원 중에서도 사회성이 더 좋은 유인원 종이 다른 종보다 번성했다. 사회성이 더 많은 자손을 번식시키고, 더 많은 파트너를 가지며, 더 큰 사회 구조를 갖는 집단을 형성하도록 도왔기 때문이며, 그와 함께 뇌가 더 복잡하게 발달된 것은 물론이다.

침팬지, 고릴라, 오랑우탄 등 현대까지 살아남은 유인원 종은 모두 사회성을 발달시킨 종들로, 이 유인원들의 뇌에서는 공통적으로 방추세포라는 뉴런(신경세포) 그룹이 발견된다. 방추세포를 가지고 있는 유인원 종 무리에는 지도자와 사회의 체계가 있으며, 서로를 위로하는 행동을 할 줄 알고, 눈물도 흘릴 줄 안다. 특히 지도자는 물리적 힘의 세기도 중요하지만 위로를 할 수 있는 능력을 갖는 것이 중요한 덕목이다.

인간 영장류가 등장하면서 뇌는 세 배 이상 커졌고, 뇌 안의 대상회에 다른 유인원보다 많은 방추세포가 분포하면서 더 뛰어난 사회성과 공감력을 보일 수 있는 기반을 가지게 되었다. 이에 따라 사회적 기능, 감정 처리 기능, 언어 기능, 사고 기능까지 발달했다.

진화 과정에서 사회성이 강조된 이유는 척박한 환경에서 서로 협동하는 것이 생존에 훨씬 유리했기 때문이다. 사회성 증진을 위한 진화는 인간의 본성 속에 이타심, 타협심, 관대함, 공정성, 용서, 도덕, 신앙심 같은 발달된 심성을 위한 뇌의 기능적 구조물을 만들어 냈다. 그리고 사회성을 증진시키는 뇌 구조물은 지금부터 이야기할 공감회로 구조물과 여러 면에서 중복된다.

아이의 공감력 발달에 기반이 되는 공감회로

다른 사람의 감정을 내 감정처럼 느끼고, 그가 처해 있는 상황을 이해하고, 현 상황에서 그 사람이 필요로 하는 것을 아는 능력이 공감력이다. 이 공감력은 공감회로라고 하는 세 가지 종류의 신경회로를 통해서 드러난다.

첫 번째 회로는 다른 사람의 행동을 모방하는 회로이다. 이 회로는 우리가 다른 사람의 움직임을 잘 관찰하기만 해도 실제 내가 몸을 움직이는 것과 같은 느낌을 갖게 한다. 타인의 행동 경험을 그대로 느끼고 따라 하게 하는 회로로, 거울신경회로라고

도 한다.

두 번째 회로는 다른 사람의 감정에 반응하는 회로이다. 이 회로는 다른 사람들의 얼굴 표정이나 행동을 보고 그 사람의 감정을 느낄 때 활성화된다. 특히 가족이나 친구 등 자신이 함께하는 사람들이 경험하는 감정 상태를 공유할 때 더욱 강하게 활성화되며, 그 경험이 강렬할수록 더 강하게 반응한다.

세 번째 회로는 타인의 생각을 이해하는 회로로, 20대 초반에 완성된다. 진화적으로 볼 때 가장 최근에 형성된 회로로 추측된다.

공감회로 중 공감력을 발휘하는 첫 번째 단계에서 활성화되는 것이 바로 거울신경회로다. 이 회로의 작용으로 인간은 서로 어울리고 서로를 보며 닮아 간다. 아이들은 말로 가르치지 않아도 부모나 교사의 행동을 보고 따라 하곤 하는데, 그 또한 우리의 뇌 속에 타인의 행동 경험을 그대로 느끼고 따라 하게 하는 거울신경회로라는 것이 있기 때문이다.

처음 거울신경회로의 존재가 알려진 것은 원숭이를 대상으로 한 실험을 통해서였다. 원숭이에게 컵을 붙잡는 동작을 가르치던 중, 사람이 컵을 잡는 동작을 눈여겨 살피는 원숭이들에게서 뇌파의 특정 부위가 활성화되는 모습이 관찰되었다. 특정 행동에서 뇌파가 활성화된다는 것은 그 행동을 모방하기 위한 준비 동작 같은 것이다. 이후 인간의 뇌에서는 전두엽의 운동조절중추

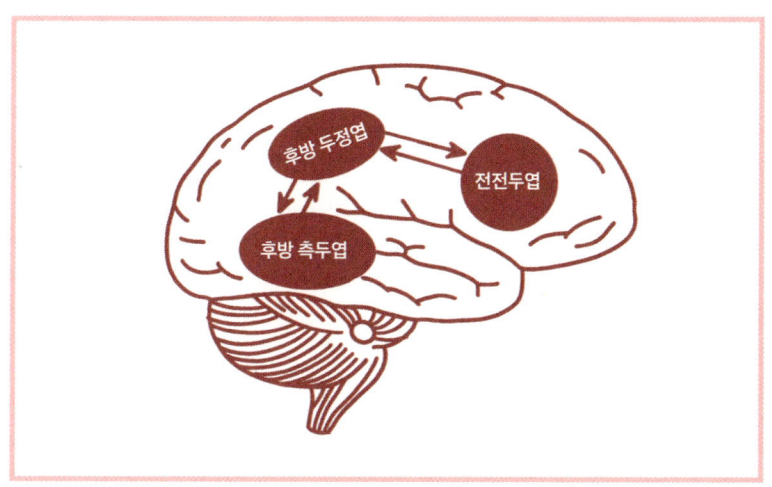

아이의 사회성을 키우는 세 가지 공감회로

와 뒤쪽 뇌 부위인 두정엽에 거울신경회로가 있음이 밝혀졌고, 이 부위 간에 협응적 연결 관계가 있다는 것도 확인되었다. 그리고 인간이 다른 어떤 동물보다도 우수한 거울신경회로를 정교하게 발달시킨 뇌를 가지고 있다는 사실을 알게 되었다.

특히 공감력을 키워 가는 과정에서 거울신경의 역할이 빛을 발한다. 거울신경회로가 어떻게 발달하는가에 따라 함께 아파하고 함께 기뻐할 줄 아는 공감력에 차이가 생기는 것이다. 공감력은 개인 차이도 크고 남녀 간의 차이도 큰데, 보통 여성의 거울신경이 남성보다 더 활성화되어 있는 것으로 알려져 있다.

공감회로의 작동을
방해하지 마라

　　　　공감력이 발달할 수 있는 토대인 거울신경회로
는 이미 아이들의 뇌 속에 잘 준비되어 있기 때문에 방해받지만
않으면 저절로 작동해 아이들의 공감력도 높아진다. 조금 늦느
냐 조금 빠르냐, 적극적으로 드러내느냐 소극적으로 참고 있느
냐의 차이는 있지만 아이들은 동일한 욕구를 표현한다. 그것은
바로 '함께 놀고 싶은 욕구'이다. 모방을 통해 함께하고자 하는
마음이 이미 아이들의 뇌 속에 자리 잡고 있으므로 어른들은 그
것을 망가뜨리지 않고 잘 키워 주면 된다.

　그런데 어린 시절 아이에게 차별을 가르치는 것은 거울신경
회로의 발달을 저해한다. 아이들은 친구를 사귈 때 그 친구가 어
느 아파트에 사는지, 부모가 뭐 하는지, 돈이 많은지, 공부를 잘
하는지 따지지 않는다. 그저 '저 친구와 놀고 싶다'는 마음으로
다가갈 뿐이다. 그런 아이들에게 구분과 차별을 심어주고 경쟁
을 알려 주는 순간 아이들 뇌 안의 거울신경시스템이 오작동되
기 시작한다. 오작동된 거울신경시스템은 공감력을 떨어뜨리고
공감력이 떨어진 아이들은 친구와 놀지 못해 외로워진다. 외로
운 아이는 서서히 마음이 말라가고, 그나마 갖고 있던 공감력을
잃어버리며, 삶을 피곤한 것으로 받아들인다. 혹은 어울림의 즐

거움을 돈으로 사려는 돈의 노예가 되기도 한다. 다시 한 번 강조하건대, 아이들의 뇌 속에서 진화의 선물로 살아 숨 쉬고 있는 거울신경시스템이 잘 자라날 수 있도록 아이들을 함께 놀 수 있게 내버려 두자. 어른들이 할 수 있는 최선의 방법은 그 성장이 방해받지 않도록 도와주는 것이다.

공감력을 키우는
가장 확실한 방법

아이의 공감력을 키워 주기 위해서는 다방면의 노력이 필요하다. 앞서 이야기한 공감력을 키우는 대화법은 물론이고, 학교에서도 친구의 마음을 이해하고 공감할 수 있는 경험을 쌓는 수업을 늘려야 한다. 이때 효과적으로 활용할 수 있는 것이 문화·예술 교육이다. '친구들과 사이좋게 지내야 한다'는 이야기를 몇 시간씩 늘어놓는 것보다는 아이들이 직접 체험하면서 스스로 깨달아 행동을 변화시키는 편이 효과적이다. 시를 읽고 그 느낌을 나누고, 직접 그림을 그리고 악기를 연주하며 자신의 감정을 표현하는 과정을 통해 아이들의 공감력을 키울 수 있다.

문화·예술 교육 후
자신감, 소통 능력이 커진 아이들

　　　　문화·예술 교육이 공감력의 바탕이 되는 자신감과 의사소통 능력을 키운다는 사실이 실제로 여러 나라의 연구 결과를 통해 증명되고 있다. 캐나다에서는 '어린이와 청소년을 위한 예술 네트워크'라는 이름으로 예술가와 교육자들이 협력해 문화·예술 프로그램을 마련해 아이들이 학교 밖 전문가들과 교류하며 예술 작품을 만들고, 전시회나 박물관을 다니며 다양한 과제를 수행하도록 했다. 그 결과 서로 협력하며 일하는 기술이 향상되었고, 낙천적인 태도와 삶에 대한 열정, 발표력 등이 높아진 것으로 나타났다.

　나이지리아에서는 아이들에게 연령, 피부색을 떠나 다양한 사람들이 교류하는 기회를 만들었고, 싱가포르에서는 여러 이민족들이 댄스 공연을 하도록 하여 아이들의 변화를 관찰했다. 그 결과 서로의 차이를 인정하고 배려하는 마음을 갖게 된 것으로 나타났다. 그 밖에 호주, 영국, 미국, 핀란드, 중국 등 여러 나라에서도 문화·예술 교육의 효과에 대한 연구가 진행되었는데, 공통적으로 문화·예술 교육이 아이들의 자신감과 학습능력, 의사소통능력을 키우고 정신건강의 질을 높이는 데 도움이 된다는 결과가 나타났다.

문화·예술 교육은 자기표현, 자신에 대한 탐색, 정서적 긴장 완화 효과와 더불어 말로 표현하기 힘든 것에 대한 의사소통의 기회가 된다. 특히 이성적 판단보다는 감정적 행동이 앞서는 청소년기 아이들에게는 효과적인 의사 표현 수단이라 할 수 있다. 실제로 사회 인지 영역에서 사고의 결함을 지니고 있는 정신장애 환자들에게 음악치료를 했는데 스트레스 감소, 대인관계에서 긍정적인 효과가 나타났다. 마찬가지로 교정시설에 있는 수감자들에게 시를 쓰도록 격려하고, 미술치료를 하니 부정적인 생각을 긍정적인 사고로 전환시켜 심리적 안정을 유도하는 효과가 있었다.

재미있게, 꾸준히 진행되어야
효과 백 배

문화·예술 교육은 무엇보다 '재미있게', '꾸준히' 진행되어야 한다. 아이들이 문화·예술 교육을 통해 자신의 존재감을 깨닫고 그것을 여러 사람에게 인정받을 때 교육을 지속할 수 있고, 그 효과도 더 커진다. 따라서 강제성 있는 교육보다는 아이들이 각자의 흥미와 수준에 따라 자연스럽게 참여할 수 있도록 이끌어야 한다.

아이들의 문제 상황에 맞게 문화·예술 활동을 선정하는 것도 중요하다. 서예 활동을 통해서는 심신 이완, 인지기능 활성화, 부정적 감정 해소 등을 이끌어 낼 수 있고, 연극 활동을 통해서는 자신 및 타인에 대한 이해, 집단 갈등 해결, 의사 표현 향상 등의 효과를 얻을 수 있다. 미술 활동은 친밀감 형성, 차이 인정, 창의적·잠재력 개발 등에 도움이 된다고 알려져 있다.

공부만을 강요하고, 성적으로 줄을 세우는 교육 풍토에서 문화·예술 교육은 아이들의 숨통을 틔우는 계기가 될 수 있다. 평소 문화·예술 활동을 통해 공감력을 키운 아이들은 따돌림이나 학교폭력의 유혹에 쉽게 넘어가지 않을 것이다. 많은 아이들이 자신이 좋아하는 문화·예술 활동을 하며 꿈도 키우고, 스트레스를 조절해 친구들과 어울려 행복하게 지냈으면 하는 바람이다.

공감회로 발달
체크리스트

내 아이의 공감력은 어느 정도일까?

흔히 친구들을 많이 몰고 다니면서 놀이를 주도하는 아이를 사회성이 좋은 아이라고 생각하지만 사실은 그렇지 않다. 자신의 의견을 제대로 표현하고 다른 사람의 의견에 귀 기울이면서 건강하고 동등한 관계를 맺을 줄 아는 것이 사회성이 좋다는 말의 진짜 의미이다. 그래서 아이의 사회성을 키운다는 것은 어떤 문제가 생겼을 때 그 문제를 해결하기 위해 다른 사람의 입장에서 생각하는 공감력을 발휘할 줄 아는 것이다. 아이들의 공감력은 모두 같은 속도로, 같은 모습으로 자라지 않는다.

다음은 내 아이의 공감력을 점검해 보는 간단한 체크리스트다. 체크가 많이 되었다고 해서 안심할 필요도, 체크가 적다고 해서 걱정할 필요도 없다. 체크되지 않은 항목이 있다면, 앞으로 부모와 함께 연습해 볼 수 있을 것이다.

문항	확인
책이나 영화를 볼 때 주인공의 슬픔에 몰입하고 함께 슬퍼한다.	☐
주변에 우는 아이가 있으면 덩달아 슬퍼한다.	☐
누군가 다치면 자기가 아픈 것처럼 움찔한다.	☐
가족 중 누군가에게 기쁜 일이 있으면 본인이 더 신나서 들뜬다.	☐
친구의 표정이나 기분을 말하지 않아도 금방 알아챈다.	☐
자신의 농담에 상대가 불쾌해하면 바로 멈춘다.	☐
의견이 다른 친구도 "그럴 수 있지" 하고 이해한다.	☐
억울한 사연을 들으면 함께 화내고 공감한다.	☐
원하는 놀이가 있어도 친구가 싫어하면 다른 놀이로 양보한다.	☐
곤란해하는 친구를 보면 먼저 다가가 돕는다.	☐
괴롭힘당하는 친구를 보면 보호해 주고 싶어 한다.	☐
어려움에 처한 사람을 보면 걱정스러운 마음을 표현한다.	☐
친구가 고민을 이야기하면 끊지 않고 끝까지 들어 주려 노력한다.	☐
자기보다 약한 사람에게 부드럽고 친절하게 대한다.	☐

부모의 공감력 체크리스트

더불어 부모의 공감력 체크리스트를 통해 '나는 공감을 잘하는 부모인가'도 점검해 볼 필요가 있다. 아이의 공감력은 아이 혼자만의 힘으로 자라기 어렵다. 공감력이 높은 부모 밑에서 공감력이 높은 아이가 자란다. 부모가 아이의 말을 어떻게 듣는지, 감정을 어떤 태도로 받아들이는지가 아이에게는 공감의 기준이되기 때문이다. 체크한 문항이 많을수록 공감력이 높은 부모라할 수 있다. 이를 통해 아이의 공감력을 키우기 위해 부모가 어떤 역할을 하고 있는지 점검하는 나침반이 될 것이다.

문항	확인
아이의 이야기를 들을 때 아이의 감정을 먼저 살핀다.	☐
아이를 혼내기 전에 아이의 입장에서 먼저 생각한다.	☐
아이의 표정만 봐도 현재 기분이 어떤지 안다.	☐
화가 나도 전후 사정을 먼저 살피려고 노력한다.	☐
아이가 학교에서 혼나면 혼날 만했다는 생각보다 안쓰러움이 앞선다.	☐
아이가 약속을 어겼을 때도 다그치기보다 이유를 먼저 알아본다.	☐
아이의 아주 사소한 성취에도 진심으로 기뻐한다.	☐
아이의 이야기를 끊고 조언하기보다 경청하려 노력한다.	☐

사랑을 가르치는
'공감 대화법'

1단계

공감하기 위한 준비를 한다

공감회로를 활성화하기 위해서는 가정과 학교에서부터 아이의 마음에 공감하기 위한 의식적인 노력이 필요하다. 아이와 대화를 나누기 전에 먼저, 시간적인 여유를 확보하자. 여유가 있어야 공감할 수 있다. 그런 다음, 아이에 대해 생각해 보자. 아이에게 연민의 감정을 느끼며 아이가 어떤 어려움에 처해 있는지 생각해 보는 것만으로도 전전두엽이 활성화되어 아이가 처한 상황에 대해 주의를 집중하도록 도와준다. 공감 대화법 1단계는 대화를 나누기 전 아이의 마음과 상황에 집중하고, 공감 관련 회로들이 활성화될 수 있도록 우리의 뇌를 준비시키는 것이다.

2단계

몸과 마음을 이완시켜 열린 상태를 만든다

오직 아이에게만 집중하고 아이의 모든 것을 받아들이겠다는 마음을 가져 보라. 어른의 마음이 열린 상태가 되었고 아이를 수용하고 존중하는 태도를 보이면 이것만으로도 아이는 감사한 마음을 갖게 된다. 이것이 공감이 주는 선물이다.

지속적으로 아이에게 집중하기 위해서는 우리 뇌의 대상회가 활성화되어야 한다. '감정 뇌'와 '생각 뇌'를 조절하는 대상회를 활성화하기 위해서는 아이와 대화 전 잠시 눈을 감고 심호흡하며 대화의 내용과 방향을 미리 생각해 보는 것도 도움이 된다.

3단계

아이의 움직임에 주목한다

자신이 집중하고 있는 아이의 움직임, 자세, 표정 등을 자세히 살펴보자. 이 3단계의 핵심은 아이의 움직임을 내 마음속에 거울처럼 비추는 것이다. 이를 미러링mirroring이라고 한다. 이런 노력은 거꾸로 내 마음속 심상을 아이에게 비추는 역할을 하기도 한다. 여기서 주의할 점은 아이의 상태를 느끼는 것이지 분석하는 것이 아니라는 사실이다.

아이의 감정을 함께 느낀다

아이의 감정에 공감하기 위해서는 어른들도 자신의 감정 변화에 집중해야 한다. 자신의 호흡, 감정 그리고 움직임을 느껴 보라. 그리고 아이의 얼굴과 눈을 주의 깊게 살펴보자. 이는 사회성을 담당하는 뇌를 자극해 아이의 감정을 느낄 수 있게 도와준다. '눈은 영혼의 거울'이라는 말처럼 인간의 핵심 감정은 얼굴 표정과 눈빛을 통해 드러난다. 아이의 감정을 함께 느낄 수 있도록 몸과 마음을 이완시키는 것이 도움이 된다.

5단계

아이의 생각을 따라간다

아이의 말과 행동의 표면 아래 무엇이 진행되고 있는지 생각하는 것이다. '아이에게 가장 중요한 것은 무엇일까?', '아이가 내게 가장 바라는 것은 무엇일까?', '아이가 마음 깊이 느끼고 있는 것은 무엇일까?' 이런 질문을 스스로 해 보되 성급하게 결론 짓지는 말자. 단지 호기심과 '아직은 잘 모르겠다'는 마음으로 아이의 생각과 말을 따라가고 자신의 생각을 따라가도록 한다.

느낀 것을 아이에게 확인한다

자신의 느낌과 생각을 아이에게 중간중간 확인하며, 이 공감이 올바른 방향으로 가고 있는지 확인해 보자.

"네가 현재 느끼고 있는 것이 _____인 것 같은데 맞니?"
"그 말은 네가 _____로 고민하고 있다는 것 같이 들리네."

이처럼 아이에게 부모의 느낌을 확인하는 것이다. 이때 아이를 비난하거나 혼내려는 태도로 질문하지 않도록 주의해야 한다. 그렇다고 아이의 모든 말에 무조건 동의하라는 것은 아니다. 공감과 주장을 구분해, 아이의 감정에 공감하면서도 어른으로서 의견을 이야기한다. 예를 들면 다음과 같이 이야기하는 것이다.

"네 이야기를 들어 보니 지난번 시험 성적이 좋지 않아서 힘들 때 아빠가 시험 결과만 보고 너를 야단친 것 같아 미안하구나. 아빠가 네 심정을 더 이해하려고 했어야 했는데 그렇게 하지 못했어. 그래도 네가 그 힘든 시간을 잘 견디고 다시 노력을 하고 성격도 밝아져서 얼마나 기쁜지 몰라. 아빠도 이제부터 너의 마음을 먼저 헤아려 보고 말할게."

부모도 아이에게 공감을 받는다

부모도 아이에게 공감받을 권리가 있다. 대부분의 부모들이 아이에게 원하는 바는 부모의 의견에 대한 동의가 아니라 부모의 마음을 알아주는 것이다. 그렇기에 부모의 마음이 열려 있고 정직할수록 공감을 받을 가능성이 더 커진다. 아이도 어느 정도 성장했다면 부모의 마음을 헤아려 줄 수 있다.

그렇다고 해서 아이에게 공감해 줄 것을 강요해서는 안 된다. 부모가 먼저 아이에게 공감할 때 비로소 아이들도 그것을 보고 배워서 따라 한다. 아이의 공감력은 부모의 공감력을 반영한다.

"꽤 괜찮은 나"
긍정적 자기 인식의 힘

      공감력과 더불어 친구 관계에 갈등을 겪는 아이들의 또 다른 공통점은 자존감이 낮다는 점이다. 자존감自尊感은 글자 그대로 풀이하면 '스스로를 존중하는 마음'이다. 이를 심리학적으로 설명하면 '자신의 가치를 인정하고 사랑하는 마음'이라 할 수 있다. 자존감이 높은 아이들은 '나는 참 소중한 사람이다'라는 생각을 가지고 있어서 자기 자신을 망가뜨리는 행동은 하지 않는다. 함부로 가출한다거나 술과 담배를 하지 않고, 친구와 문제가 생겼을 때도 폭력보다는 대화로 해결하려고 한다. 실수를 하더라도 다른 사람 평계를 대지 않고, 그 실수를 만회하기 위해 더 많은 노력을 기울인다. 또한 자신이 해야 할 일을 다른 친구에게 시키며 군림하려 하지 않는다. 자신의 몸과 마음을 소중히 여기기에 친구도 소중하게 대하는 것이다.

반면에 자존감이 낮은 아이는 '나는 별 볼 일 없는 아이야. 할 수 있는 일도 없고, 아무리 노력해도 안 돼' 하는 마음으로 위축된 모습을 보인다. 또는 낮은 자존감을 보상받기 위해 자기보다 약한 아이를 괴롭히고 그 위에 군림하려 한다.

자존감 높은 아이의 특징 5가지

- 당당하게 자신을 표현한다.
  ↳ **"네가 그렇게 놀리니 기분이 나빠. 놀리지 않았으면 좋겠어."**
- 잘못을 했을 때 핑계 대지 않고 인정한다.
  ↳ **"제가 설명서를 꼼꼼히 읽지 않아 실수했어요."**
- 다른 친구들을 배려한다.
  ↳ **"○○가 아프니 집에 바래다 주자."**
- 스스로 목표를 설정한다.
  ↳ **"이번 시험에서는 국어를 100점 맞아야지."**
- 긍정적으로 문제를 해결하려고 한다.
  ↳ **"힘들어도 노력하면 잘 해결할 수 있을 거야."**

자아개념이
자존감을 만든다

자존감의 토대가 되는 것은 자신과 타인을 구분할 수 있는 자아개념이다. 세상에 막 태어난 아기들은 자신의 존재를 인식하지 못한다. 주 양육자인 엄마와 자신을 동일시해 엄마와 자신이 한 몸이라 느낀다. 만 3세가 되면 자기 자신을 '나'라고 표현하면서 본격적인 자아개념을 가지기 시작하고, 만 4세가 되면 자아개념이 자신을 포함한 가족과 집 등으로 넓어진다.

자아개념이 확장된 아이는 자기중심적 사고에서 벗어나 타인의 감정을 이해하기 시작하고 자신의 감정을 통제할 수 있는 능력도 갖추게 된다. 그러다 초등학교 입학 전후가 되면 자아상이 확립되어 간다. 자아상이란 '아이가 스스로를 어떻게 생각하는지에 대한 느낌'으로 부모와의 상호작용을 통해 형성된다. 자신의 행동에 따라 부모가 상벌을 주는 과정을 반복해서 겪으면서 아이는 좋은 행동과 나쁜 행동의 기준을 갖고, 긍정적인 자아상을 갖기 위해 노력한다. 그리고 긍정적인 자아상이 가족관계뿐 아니라 선생님과 친구들까지 확장되면서 자존감을 키울 수 있는 기틀이 마련된다.

아이가 긍정적인 자아상을 갖도록 하기 위해서는 안정적인 애착 형성이 중요하다. 주 양육자와 애착 형성이 잘 된 아이들은 자신감을 갖고 세상 탐색에 나선다. 세상 탐색에 나선 아이들은 이것저것 만져 보고, 두드려 보고, 움직여 보며 해도 되는 일과 해서는 안 되는 일을 구분하게 된다.

3세 전후로는 아이의 자율성이 중요하다. 아이의 행동을 무조건 막기보다는 안전하게 세상 탐색을 할 수 있는 조건을 마련해 주는 것이 좋다. 자율성을 키워 준 아이들은 6세를 전후해서 '내가 하겠다'는 주도성을 발휘한다. 이때 역시 아이의 주도성을 막아서는 안 된다. 부모가 보기에는 아이가 하는 일들이 어설프고 시간도 많이 걸려 답답하기도 하겠지만 주도적으로 충분히 할 수 있게 하면서 약간씩 필요한 도움을 주고 격려해 주는 것이 좋다.

자존감과 자존심은 다르다

'자존감 높은 아이로 키워야 한다'고 하면 많은 부모가 야단치지 않고 실수를 지적하지 말아야 한다고 생각하거나 아이의 자율성을 인정하고 무조건 아이가 하고 싶은 대로 하게 하면 자존감이 높아진다고 생각하는 것이다. 하지만 이는 자존감과 자존심을 구분하지 못하는 데서 나오는 오해라 할 수 있다. 자존감과 자존심은 한문으로 '스스로 자自'와 '높을 존尊'

을 쓴다는 점에서 그 의미가 비슷할 것 같지만 전혀 다르다.

일상생활에서 많이 쓰이는 자존심이란 말은 '남과 비교해서 우위를 차지하려는 마음', '다른 사람에게 굽히지 않으려는 마음'이라고 할 수 있다. 자존감이 특정한 비교 대상이 없이도 스스로를 귀하게 여기고 존중하는 마음이라면, 자존심은 항상 비교 대상이 있다. 나보다 잘난 사람, 더 예쁜 사람, 돈이 많은 사람 등 비교 대상이 있어서 자신이 조금이라도 뒤처진다 느끼면 '자존심이 상한다'는 표현을 하게 되는 것이다. 그래서 자존심이 지나치게 높으면 열등감을 느끼게 된다.

자존감이 높은 사람은 자신보다 능력이 없는 사람을 무시하지 않는다. 그 사람에게도 존중받을 만한 다른 좋은 점이 있다고 생각한다. 반면에 자존심이 강한 사람은 자신보다 능력이 없는 사람을 무시하고, 절대 자신보다 나아질 수 없을 것이라 단정한다.

실패를 대하는 태도에서도 차이가 난다. 자존심이 강한 사람은 실패했을 때 다른 사람 탓을 하거나 자신을 과소평가해 우울감에 빠진다. 반면에 자존감이 높은 사람은 실패했다고 해서 자신의 가치까지 낮추어 생각하지 않는다. 실패의 원인을 분석하고 재기하기 위해 노력한다. 그래서 자존심이 강한 아이가 아니라 자존감이 높은 아이로 키워야 한다.

아이는 부모의 자존감을 먹고 자란다

부모의 자존감부터 점검하라

　　아이의 자존감을 점검할 때는 먼저 부모의 자존감부터 점검해 봐야 한다. '아이는 부모의 거울'이라는 말처럼 아이의 자존감, 공감력 등은 부모를 닮기 때문이다. 자신의 감정에 대한 공감을 부모에게 받아본 아이가 다른 사람의 감정에 공감할 수 있는 것처럼, 자존감이 높은 부모의 모습을 보고 자란 아이가 자기 자신을 소중하게 여기기 마련이다. 자존감은 의식적 학습을 통해 배우는 것이 아니라 부모의 말과 행동을 보고 자연스럽게 터득하는 것이다.

자존감이 낮은 부모들은 아이를 키울 때 무척 힘들어하고, 아이와 함께하는 생활에서 행복을 느끼지 못하는 경우가 많다. 자신이 이루지 못한 것을 자녀에게 강요하거나, 아이의 실수를 볼 때 불같이 화를 낸다. 아이가 노력해서 이룬 성과에 대해서도 '왜 더 열심히 하지 않았냐'며 채근하고, 아이에게 상처 주는 말을 한다. 사회적으로 성공을 했더라도 자녀에게 이런 모습을 자주, 반복해서 보인다면 자존감이 낮은 부모라 할 수 있다.

부모가 승진에 떨어지거나 사업에 실패해 경제적으로 힘들다고 해서 자존감이 낮아지는 것은 아니다. 이런 현재의 상태보다는 '원가족'의 영향이 크다. 심리학에서는 결혼하기 이전 자신이 자란 원래 가족을 '원가족'이라고 하는데 부모가 원가족 안에서 성장할 때 어떻게 양육되었는지에 따라 부모의 자존감이 영향을 받는다. 현재 부모의 양육 형태가 아이의 자존감에 반영되는 것과 같은 이치다.

어렸을 때 부모에게 칭찬받지 못하고, 사소한 잘못에도 크게 꾸중을 듣고, 방임이나 학대를 받은 아이들의 자존감은 낮을 수밖에 없다. 이런 아이들이 자라 부모가 되면 의도하지 않아도 원가족일 때 부모가 자신에게 한 것처럼 그 아이에게 할 위험성이 높다. '엄마처럼 살지 않을 거야' 하고 굳게 결심하고 열심히 아이를 키워온 엄마가 어느 날 '엄마처럼' 하고 있는 자신의 모습을 발견하고 당황하는 것처럼 원가족의 영향력은 크다.

부모의 어린 시절
상처부터 치유하자

자존감 높은 아이로 키우기 위해서는 먼저 '낮은 자존감의 대물림'부터 끊어 내야 한다. 부모가 자란 과거의 양육 환경은 바꿀 수 없지만 현재 내 아이의 양육 환경은 얼마든지 바꿀 수 있다. 자신의 어린 시절에 대해 다음과 같은 질문을 던져보자.

- 나의 부모는 나를 충분히 사랑해 주었는가?
- 나의 부모는 내가 잘못했을 때 어떤 벌을 주었는가?
- 나의 부모는 나의 이야기를 잘 들어주었는가?
- 나의 부모는 신체적 체벌을 사용했는가?
- 나의 부모는 나와 어느 정도의 시간을 함께 보냈는가?

위의 질문에 대한 답을 생각할 때 어린 시절의 상처가 떠오르는 부모라면 자신도 모르는 사이에 자존감에 상처를 입었을 수 있다. 이때는 자신의 상처부터 치유해야 한다. 자신의 어린 시절에 대해 깊이 생각하며 이들 질문에 대한 느낌을 글로 정리해 보거나, 부모님이 살아계시면 만나서 어린 시절 이야기를 나누어 보는 것도 좋다. 부모에게서 받은 상처는 깊이 남아 있는 것 같지만 '미안하다'는 부모의 진심 어린 한마디에 풀리는 경우가 많다. 자신의 상처를 돌아보고, 이를 치유하기 위한 노력을 하다 보면 부모의 자존감도 높아지고, 아이를 키우는 데 자신감도 생길 수 있다.

자존감이 높은 부모는 아이에게 편안한 성장환경을 제공한다. 수용하는 자세로 아이를 대하고 아이의 잘못에 대해서도 현명하게 대처한다. 아이와 갈등이 있어도 지혜롭게 대화하고, 무엇보다 아이와 함께하는 생활에 만족한다. 또한 실패했더라도 포기하지 않고 노력해서 역경을 딛고 일어난다. 이런 부모의 모습을 본 아이들이 실패해도 포기하지 않는 정신을 배우고 높은 자존감을 갖는 것은 어쩌면 당연하다.

자존감 높은 아이로 키우는 뜻밖의 방법

  친구 관계의 어려움, 학교폭력 문제를 겪는 아이들의 심리검사를 해 보면 자존감이 상당히 떨어져 있는 경우가 많다. 심리검사를 토대로 이 아이들의 성장과정을 살펴보면 자율성과 주도성을 키워야 할 시기에 키우지 못한 경우도 있고, 그 전 시기부터 부모와의 애착 형성에 문제가 생긴 사례도 있다.

 하지만 어린 시절 형성된 자존감은 변화될 수 있다. 유아기에 형성되기 시작한 자존감은 아동기와 청소년기를 지나면서 성숙된다. 다만 낮은 자존감을 갖고 있는 16세 아이의 자존감을 높이기 위해서는 11세 아이보다 더 많은 시간이 걸리고, 11세 아이의 낮은 자존감을 높이기 위해서는 6세 아이보다 오래 걸린다는 어려운 문제가 있다.

특히 청소년기 초기인 중학교 1~2학년 때는 뇌 발달이 계속되고 있는 시기이기 때문에 외부 자극에 따라 자존감도 달라질 수 있다. 이 시기의 뇌는 말랑말랑한 공과 같아서 어떤 자극을 받느냐에 따라 그와 관련된 뇌 부위가 커진다. 자존감은 물론이고 친구에 대한 배려심, 절제력, 인내심 등, 적절한 교육을 통해 평생 지속될 좋은 자질을 키울 수 있다.

성공 경험과 칭찬이
자존감 성장의 밑거름

아이들의 자존감은 스스로 경험하고 깨닫는 과정에서 자란다. '경험은 최고의 교사이다'라는 말처럼 아이들은 경험을 통해 배우고, 경험을 통해 성장한다. 부모가 아무리 이래라저래라 잔소리해도 아이들이 쉽게 받아들이지 못하는 이유는 경험을 통해 배운 것이 아니기 때문이다. 그래서 아이들이 다양한 경험을 많이 하도록 하는 것이 중요하다.

아이들이 스스로의 가치를 높이기 위해서는 성공 경험을 많이 하는 것이 좋다. 성공이라 해도 거창한 것이 아니다. 일상생활에서 자신이 계획을 세우고, 노력해 원하는 결과를 얻는 과정을 말한다. 예를 들어 중간고사에서 10점을 올리기로 계획을 세우고 노력한 결과, 목표를 달성했다면 그것이 성공 경험이 된다. 다른 예로 반려동물을 잘 돌보기로 한 아이가 약속을 잘 지켰다면 이것 역시 성공 경험이 된다. 작은 것이라도 성공 경험을 많이 쌓게 하려면 아이 수준에 맞는 과제를 내주고, 그 결과보다는 노력하는 과정을 칭찬하는 일이 중요하다. 그래야 실패를 했어도 다시 도전할 용기를 얻는다.

때로는 실패 경험도 필요하다. 요즘 아이들은 부모들이 미리미리 장애물을 제거해 주는 덕에 실패라는 것을 경험하지 못하고 자라는 경우가 많다. 미리 공부하고, 미리 연습시켜서 절대 실패할 수 없게 만든다. 만약 실패하면 아이보다 부모가 더 힘들어하는 경우도 많다. 예를 들어 우리나라에서는 아이가 시험에서 점수를 못 받았을 때 가장 속상해하는 쪽이 대부분 부모다. 그러니 아이들은 이런 부모의 모습을 보기 싫어서 실패를 두려워하는지도 모른다.

하지만 실패 경험이 아이들에게 주는 열매는 무척 달다. 실패를 통해 자신을 되돌아보게 되고, 다음에 어떻게 하면 실패하지 않을 수 있는지 방법을 알게 된다. 실패로 얻은 경험 역시 부모의 말보다 몇 배 더 큰 가르침이 된다. 만약 아이가 시험을 잘 보지 못해 풀이 죽어 있다면 먼저 그 기분에 공감해 주어야 한다. 부모의 실패담을 들려 주는 것도 좋다. 아이의 눈에 완벽해 보이는 부모가 실패한 경험이 있고, 그 실패를 극복했다는 사실만으로도 아이들에게 위안이 된다. 부모의 역할은 아이가 실패하지 않도록 감싸는 것이 아니라, 실패해도 다시 도전할 수 있는 용기를 북돋는 것이다.

상처 주는 말 대신
격려의 한마디

아이의 자존감을 높이는 두 번째 방법은 언어적·심리적 상처를 주지 않는 것이다. 대부분의 부모들은 아이의 장점보다는 단점에 집중하는 경우가 많다. 아이에게 여덟 개의 장점과 두 개의 단점이 있으면, 어떻게든 두 개의 단점을 고쳐서 열 개의 장점을 만들려고 하는 것이다. 단점만 고치면 멋진 아이가 될 것 같아 단점을 고치는 데 집중하지만 결과는 그 반대가 되는 경우가 많다. 늘 자신의 단점만 지적받은 아이는 긍정적인 자아상을 가질 수 없다. 아이의 단점을 지적할 때 부모가 흥분해 모욕적인 말을 하거나 체벌하면 아이의 자아상은 더 망가진다. 아이의 머릿속에는 내가 잘못해서 혼나는 것이 아니라 '나는 원래 나쁜 아이'라는 생각만이 남기 때문이다.

아이를 대할 때는 장점을 먼저 생각하고 북돋아 주어야 한다. 아이가 자신의 단점 때문에 힘들어하더라도 "너에게는 그 단점을 덮을 수 있는 많은 장점이 있어. 그 장점으로 단점을 조금씩

보완하면 될 거야" 하고 격려해 주어야 한다. 그렇다고 해서 무조건 장점을 칭찬하라는 것은 아니다. 과도한 칭찬은 오히려 독이 된다. 글을 잘 쓰는 아이에게 '훌륭한 소설가'라고 이야기하는 것은 과도한 칭찬이다. 칭찬보다는 격려가 아이의 자존감을 키우는 데 도움이 된다는 사실을 명심해야 한다.

어쩔 수 없는 부모의 욕심 때문에 아이에게 상처 주는 말을 했다면 "조금 전에는 엄마가 너무 흥분해서 너에게 심한 말을 했는데 정말 미안해"라며 자신의 잘못을 솔직히 인정하는 모습을 보여 주는 것이 좋다. 그래야 아이가 부모에게 받은 상처에서 벗어날 수 있다.

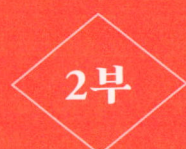

2부

친구 때문에 힘든 아이의

관계 회복력을 깨우는

실전 연습

4장

친구 관계가 아이의 인생을 덮치지 않게 하라

친구 관계를 잘 푸는 아이들에게는 공통점이 있다. 스스로 자신의 가치를 인정하고 사랑하는 '자존감'과 타인의 감정을 잘 읽어 내는 '공감력'이 발달했다는 사실이다. 이런 아이들은 친구들을 잘 배려하고 갈등 상황에서 긍정적 자세로 문제해결을 하는 경향이 있어 갈등을 겪더라도 그 위기를 잘 넘길 수 있는 '회복력'이 높다. 갈등은 인간관계에서 나타나는 필연적인 현상임을 받아들이고, 교육을 통해 자기표현을 하고 갈등을 극복할 수 있도록 도와주면 아이들은 한층 더 성장한다. 혹 심각한 갈등 상황을 경험하더라도 이를 건강하게 극복한 아이는 친구 관계에 자신감을 가지며, 어른이 되어서도 건강하게 관계 맺음을 할 수 있다.

문제행동 뒤에 숨은
'간절한 신호' 읽기

아이들은 성장하면서 다양한 문제행동을 보인다. 말도 안 되는 것으로 떼를 부리는 작은 일부터 시작해서 멋대로 학교에 가지 않는다거나 친구를 괴롭히고 학교폭력에 가담하는 등 어른들이 깜짝 놀랄 만한 일까지 한다. 아이들은 정말이지 왜 이러는 걸까?

"아이들이 자신의 자리를 잃고, 용기를 잃었을 때 문제행동을 보인다."

세계 최초로 아동교육상담소를 연 오스트리아의 정신과 의사

알프레트 아들러Alfred Adler의 말이다. 즉 문제행동은 자신의 자리와 존재감을 찾고자 하는 아이들의 무의식적인 노력인 것이다. 아들러는 '자신의 자리를 잃어버린 아이들이 취하는 행동'을 다음의 4단계로 나누어 설명했다.

1단계

주위의 관심을 끌기 위해 문제행동을 한다

주위의 관심을 끌기 위해 문제행동을 하는 것이다. 자신의 존재감을 확인받고 싶은 아이들은 먼저 부모나 교사들을 곤경에 빠뜨리는 행동을 한다. 어른들의 뜻과 반대의 행동을 하며 허세를 부리거나 일부러 곤란한 질문을 던지고, 다른 사람에게 피해를 주기도 한다. 이런 행동은 부모가 가장 관심을 갖는 부분에서 나타나는 경우가 많은데 예를 들어 등교를 거부하는 아이들의 부모 중에는 교사가 많고, 비행 청소년의 부모 중에는 경찰관이 적지 않다. 무의식적으로 부모가 가장 곤경에 처할 수 있는 문제행동을 함으로써 관심을 끌려 하는 것이다.

또 다른 예로 공부하라고 이야기하면 더 공부를 안 하고, 방 정리를 잘하라고 이야기하면 할수록 아이의 방을 어지럽히는 것도 이런 맥락에서 이해할 수 있다. 아이들은 부모나 교사로부터 좋은 평가를 받을 수 없다고 판단했을 때, 나쁜 평가를 받는 것으로라도 관심을 끌려고 한다. 그러므로 아이가 평소와 다른 모습을 보이며 사소한 문제행동을 한다면 더 많은 관심을 기울여야 한다.

아이들의 행동 변화를 알아차리기 위해서는 평소 아이들을 세심하게 관찰해야 한다. 초기 단계에서 문제행동을 발견할 경우 더 이상 나빠지는 것을 막을 수 있다. 또한 더 이상 문제행동을 보이지 않았을 때, 칭찬받을 만한 행동을 했을 때, 관심을 갖고 칭찬해 주는 자세가 필요하다.

2단계

관심 끌기에 실패하면 어른들에게 도전한다

1단계 행동으로 관심을 끌지 못했을 때 아이들은 2단계로 넘어간다. 부모나 교사에게 도전하는 것이다. 이때 아이들은 반항적인 태도로 주도권 싸움을 하듯 행동한다. 다음은 아이가 친구들과 놀 것을 허락받는 상황이다.

아이 : 엄마, 나 친구 집에 가서 놀다 올게요.

엄마 : 안 돼. 아직 숙제 안 했잖아.

아이 : 갔다 와서 할게요.

엄마 : 너는 매번 놀다 와서 숙제한다고 해 놓고 한 번도 한 적

이 없잖아.

아이: 내 일은 내가 알아서 할 테니 신경 쓰지 마세요.

주도권 싸움이 시작되면 아이나 엄마 모두 감정이 격해진다. 부모는 '여기서 물러나면 애 버릇 나빠져'라고 생각하고, 아이 역시 '이번에 지면 평생 엄마 말만 듣고 살아야 돼'라는 생각에 문제행동이 더 심해진다. 이때는 한발 물러나서 그 상황을 피하는 게 좋다. 잠시 아이와 떨어져 감정을 가라앉히고 타협점을 찾는 시간을 가진 다음 다시 이야기를 풀어 가는 것이다. 부모와 아이 중 한쪽이 일방적으로 승리하기보다는 무승부로 마무리 짓는 편이 좋다는 말이다. 위의 상황을 잘 마무리하는 방법을 예로 들어 보겠다.

엄마: 그럼 친구 집에서 놀다가 몇 시까지 올 수 있니?

아이: 7시까지 올게요.

엄마: 그 시간에 와서 저녁 먹고 숙제하려면 너무 늦지 않을까?

아이: 그럼 6시 30분에 와서 저녁 먹고 숙제할게요.

엄마: 그래. 알았으니 약속 꼭 지키렴.

도전에 실패하면 복수를 시작한다

부모와 교사의 권위에 도전함으로써 자신에게 관심을 끌려고 했던 것이 실패하면 아이들은 3단계로 '복수'를 시작한다. 아들러는 복수를 '자신도 깊은 상처를 입음에도 불구하고 타인을 곤란하게 만들고 상처를 주려는 행동'이라고 정의했다.

아이들은 물건을 훔치거나 폭력을 휘두르면 자신도 상처를 입고 벌을 받는다는 사실을 잘 알고 있다. 또 공부를 하지 않으면 성적이 떨어지고 시험에 실패할 수 있다는 점도 안다. 그런데도 비행을 저지르는 이유는 그렇게 하면 부모와 교사에게 복수를 할 수 있기 때문이다. 부모가 여러 이유로 바빠서 아이들에게 관심을 갖지 못하면 아이들은 어떻게든 부모의 관심을 자신에게 돌리기 위해 문제행동을 한다. 그런 시도가 실패했을 경우 아이들은 무의식적으로 문제행동의 수위를 높여 간다.

이럴 때 부모는 아이의 문제행동으로 상처를 받았다고 해도 아이 앞에서 힘들어하는 모습을 보이지 않아야 한다.

"너 때문에 힘들어 죽겠어."

"네가 이럴 줄 몰랐는데 정말 실망이네."

이런 말은 하지 말아야 한다. 어른들이 상처받는 모습을 본 아이들은 목표를 달성했다는 생각에 무의식적으로 그런 행동을 계속할 수 있다. 오히려 어른으로서 의연한 모습을 보이면 자신의 복수가 효과 없음을 깨닫고 3단계에서 문제행동을 멈출 수 있다.

"네가 너무 힘들어서 그러는구나."
"힘든 문제를 같이 이야기해 볼까?"

이렇게 아이의 행동 밑바닥에 깔린 마음을 이해해 주는 성숙한 자세가 필요하다.

4단계

복수마저 실패하면 무기력한 모습을 보인다

아이의 문제행동은 3단계에서 머무는 경우가 많은데 3단계에서조차 자신의 존재감을 찾지 못했을 경우 4단계로 나아간다. 바로 자포자기한 모습을 보여 주는 것이다. "나 같은 애가 뭘 할 수 있겠어요"라고 이야기하며 모든 일에 무기력한가 하면 때론 방에 틀어박혀 나오지 않는 아이들도 있다. 이런 자녀를 바라보는 부모의 마음은 속이 까맣게 타들어 간다. 하지만 아이는 복수에 실패하고 패배감을 느낀 결과 무기력을 가장하고 있을 뿐, 언제든 회복될 가능성이 있으므로 절대 희망을 버리지 말아야 한다.

1, 2단계 아이들은 어느 정도 부모나 교사가 관심을 갖고 행동교정을 위해 노력하면 쉽게 문제행동을 고칠 수 있다. 그렇지만 문제행동이 3, 4단계까지 진행되면 부모나 교사의 힘으로 해결이 어렵기 때문에 전문가의 도움을 받는 것이 좋다. 전문가의 도움을 받더라도 빠른 시일에 회복되기를 기대해서는 안 된다. 아들러는 4단계에 들어간 아이가 3단계로 돌아오고, 3단계에서 다시 2단계를 거쳐 서서히 1단계로 돌아오게 해야 한다고 이야기한다.

아들러의 깊은 통찰에서 보듯 아이들을 움직이는 최고의 동인은 관심이고, 그것은 애정과 지지를 갈구하는 것이다. 아이들은 어른들의 관심을 받고 싶어서 문제행동을 하고 자기가 원하는 만큼 관심을 받았을 때 비로소 문제행동을 멈추고 자신의 자리를 찾는다. 따라서 해결책은 아이들에게 관심을 갖고 사랑으로 대하는 것뿐이다.

특히 청소년기에 접어든 아이들은 '더 이상 어린이가 아니다'는 생각으로 아이들을 대해야 한다. 나와 다른 독립된 인격체로 아이들을 바라보고 존중하는 마음으로 관심을 갖고 대화를 하

자. 10세 이전까지 아이를 돌보는 데 집중했다면 10세 이후에는 아이와 친해지는 데 집중해야 한다. 아이가 어울리는 친구가 누구인지, 무엇을 하며 노는지, 외모를 어떻게 관리하고 있는지 등을 주의 깊게 살펴본 다음 대화를 시도해야 한다. 섣불리 아이의 생활에 대해 이야기를 시작하면 "엄마, 아빠는 아무것도 모르면서…" 하는 핀잔만 들을 수 있다.

아이들이 문제행동을 보일 때, 부모는 '너의 상황을 알고 있으며, 어떤 상황이 되더라도 너를 사랑하며 지지해 줄 것'이라는 믿음을 아이에게 보여 주는 것이 중요하다. 어른들이 아이들에게 내가 신뢰할 수 있는 사람, 나에게 도움을 줄 수 있는 사람, 나를 이해하고 믿어 주는 사람으로 자리매김이 된다면 문제행동을 사전에 예방할 수 있고 문제가 생겨도 대부분 초반에 해결할 수 있다.

부모는 아이가 세상에서 처음 배우는 타인이다

       친구 관계의 중요성이 부각되는 시기라고 해도 여전히 엄마, 아빠의 자리는 중요하다. 가정은 아이들이 자라 온 터전이고 힘들고 지쳤을 때 돌아가 쉴 수 있는 보금자리이다.

  아이 친구 관계 문제가 심각해질수록 부모들도 가정에 집중해야 한다. 가정은 질풍노도의 시기를 보내고 있는 사춘기 아이들이 편안하게 자신을 돌아보며 미래를 생각할 수 있는 따뜻한 터전이 되어야 한다.

  친구 관계나 학교폭력 문제로 병원을 찾는 아이들을 만나 보면 유년기에 부모에게 상처를 받은 경우가 많다. 상습적으로 매를 맞았거나 모욕적인 말을 들으면서 자란 아이들은 마음속에 분노를 가지고 성장한다. 이 분노를 자기보다 덩치도 크고 힘도 센 어른들에게 풀 수 없기 때문에 만만한 친구들에게 풀려고 한다. 또한 부모가 자신이 잘못했을 때 모욕적인 말을 하거나 체벌하는 것으로 문제를 처리했기 때문에 아이들 역시 같은 방식으로 친구 관계에서 생기는 문제를 해결하려 든다. 어떻게 보면 아이들, 아니 우리 인간이 겪는 최초의 폭력 경험은 바로 가정에서 일어난다 할 수 있다. 가정에서 폭력이 사라지지 않으면 학교폭력을 없애는 것은 요원한 문제일 수도 있다.

앞서 뇌과학의 '거울신경이론'에 대해 설명했다. 뇌과학적 실험을 통해 확인된 것은, 어떤 특정 행동을 하는 사람의 뇌 활성화 양상과 그것을 보고 있는 사람의 뇌 활성도가 똑같이 나타난다는 것이다. 나쁜 행동이든 좋은 행동이든 보기만 해도 거울처럼 우리 뇌에 각인될 수 있다는 이론이다. 아이들은 부모를 보면서 성장한다. 부모의 언어, 부모의 표정, 부모의 행동을 보고 따라 배우며 그 패턴을 뇌에 각인시키고, 세상을 알아가는 것이다. 그런 부모가 자신을 사랑하고 존중해 주면 세상을 따뜻하게 느끼고, 자신의 잘못을 따지고 들며 사사건건 간섭한다면 세상에 대해 두려움을 갖게 된다.

그래서 아이가 가해자이든 피해자이든 간에 학교폭력 등의 문제로 힘들어한다면 먼저 부모의 양육 과정과 가정 문화를 점검해 봐야 한다. 양육 과정에서 육체적·언어적 폭력을 가하지는 않았는지, 아이의 의견은 무시하고 부모의 생각만 일방적으로 강요하지는 않았는지 살펴봐야 한다. 특히 아이가 학습된 무력감에 젖어 부모에게 자신의 어려운 점을 잘 이야기하지 않는다면 아이가 자신의 힘든 점을 이야기했을 때 부모가 어떻게 반응했는지도 돌아보고, 이제라도 어떤 이야기도 숨김 없이 말할 수 있는 '열린 우리 집' 만들기에 애써야 한다.

따뜻하고 민주적인 가정을 만들어 가는 출발점은 아이와 소통을 잘하는 것이다. 먼저 그동안 아이와 어떤 대화를 어떻게 주고받았는지 생각해 보자. 지시 위주의 대화가 많지는 않았는가?

"일어나라."
"씻어라."
"밥 먹어라."
"학교 가라."
"공부해라."

혹은 아이가 어떤 이야기를 하면 "넌 어떻게 그런 생각을 할 수 있니?" 하며 부모의 의견을 장황하게 늘어놓지 않았는가? 아이가 어떤 요구를 할 때 "그건 크면 다 할 수 있어" 하며 현재의 요구를 무시하지 않았는가? 부모는 아이를 위해 한 말들이지만 이것은 대화라 할 수 없다. 일방통행식의 대화는 아이와 마음으로 소통할 수 없고, 오히려 말문을 막아 버린다.

아이와의 대화에서는 2 대 8의 원칙을 늘 생각해야 한다. 즉 부모의 말이 2이고, 아이의 말이 8인 대화가 되어야 한다. 부모는 말을 줄이고 아이가 편안하게 이야기할 수 있게 귀를 활짝 열어야 한다. 아이가 부모의 의견과 맞지 않는 이야기를 하더라도 아이의 말을 막지 않고 끝까지 들어준 다음, 부모의 생각을 간략하게 이야기하는 것이다. "너는 그렇게 생각했구나. 엄마의 생각은 이런데" 하며 아이의 생각을 존중해 주는 태도가 좋다.

들어주는 대화를 하기 위해서는 아이와 대화 전 부모의 몸과 마음을 편안하게 해야 한다. 스트레스를 많이 받고 몸이 피곤한 상황에서는 아이가 무슨 말을 해도 편안하게 들을 수 없고, 생각과 달리 독한 말이 나올 수도 있다. 깊은 호흡으로 몸과 마음을 편안히 하고, 은은한 미소를 담은 따뜻한 표정으로 아이의 눈을 바라보며 이야기를 나누는 것이다. 아이의 생각이 부모와 다를지라도 '네가 틀렸다'는 표현은 삼가야 한다. 사춘기 아이들은 특히 '틀렸다', '잘못했다'는 말에 예민하므로 직접적으로 잘못을 고치려고 하기보다는 여러 가지 사례를 들어 가며 아이가 한 번 더 생각해 볼 수 있도록 유도하는 것이 좋다.

부모 노릇은 쉽지 않다. 옛날에는 대가족이 어울려 살며 함께 아이들을 돌보았는데 지금은 그렇지 않기 때문에 아이들이 다양한 어른을 만나며 배울 기회가 없다. 예전에는 산과 들에서 뛰어놀며 자연에서 배우는 것들이 많았는데 요즘은 컴퓨터와 스마트폰에 아이들을 빼앗겨 버렸다. 공부에 대한 부담은 커지고 스트레스를 해소할 방법은 많지 않은 요즘 아이들이다. 가정마저 무너지면 우리 아이들은 갈 곳을 잃고 방황하게 된다. 친구 관계에서의 갈등이 심각해질수록 가정의 올바른 역할이 더 절실해지는 이유이다.

친구 관계와 학교폭력의 위기는 방관에서 시작된다

진석이는 같은 반 창민이에게 끊임없이 괴롭힘을 당해 왔다. 어떤 때는 쉬는 시간이나 하교 후 아이들이 보는 곳에서도 구타를 당했다. 진석이가 괴롭힘을 당할 때 그 반 다수의 아이들은 방관했고, 심지어는 "이겨라" 하면서 가해자인 창민이의 편을 들기도 했다. 한번은 쉬는 시간에 구타를 당하다가 담임교사의 눈에 띄었다. 하지만 담임교사조차 "그만 싸워라" 하는 정도의 성의 없는 말만 하고 끝이 났다.

이 학급은 학생들뿐 아니라 담임교사도 방관자이자 방조자라고 보아야 한다. 이렇게 방관자에 대해 아무런 문제의식이 없을 때에는 집단 따돌림이나 괴롭힘에 대한 어떤 대단한 대책이 나온다고 해도 문제가 해결되지 않는다는 사실을 명심해야 한다.

아이들은 왜 같은 반 친구의 일인데도 적극적으로 가해 아이를 말리지 못하고 방관자가 되는 것일까?

첫째, 자신도 똑같이 따돌림이나 학교폭력을 당할까 봐 두렵기 때문이다. 일반적으로 가해 아이들은 신체적으로 더 크고 힘이 세며 또래에서 인기도 더 많기 때문에 아이들은 그 상황에 끼어들면 자신마저 큰 피해를 입을 것이라 여긴다.

둘째, 가해 아이의 보복을 두려워한다. 실제로 대부분의 가해 아이는 피해 아이를 도와주는 친구를 '나댄다'며 또 다른 표적으로 삼아 괴롭히는 일이 비일비재하다.

셋째, 어떻게 도와야 할지 모르기 때문이다. 혹 이를 저지하고 싶다고 생각하더라도 끼어들어서 싸움을 말려야 할지, 선생님께 알려야 할지, 경찰에 알려야 할지 모르고 있다. 심리적으로 우왕좌왕하다 보면 타이밍을 놓치고 구경만 하고 있기 십상이다.

넷째, 아이들은 사회와 가정의 개인주의를 보고 자라났다. 어릴 때부터 부모가 불의를 보면 팔을 걷어붙이고 개입하거나, 힘든 일을 당한 사람을 스스럼없이 도와주는 분위기를 모르고 자란 세대가 요즘 세대이다. 학교에서 돌아온 아이가 "우리 반 몇몇이 한 아이를 괴롭혀"라는 말을 했을 때 대부분의 부모들은 어떤 반응을 보일까? 아마 "적극적으로 말려"라고 하는 대신에

"그 싸움에 끼어들지 마"라고 하는 경우가 많을 것이다. 이런 가르침을 받는 아이들은 방관자가 되기 쉽다. 아이들은 보고 배운 대로 행동하는 것뿐이다.

친구가 어려움에 처했을 때 자신도 그 친구를 도와준 적이 없기 때문에, 만약 자신이 괴롭힘당한다고 해도 그 누구도 자신을 도와주지 않으리라는 것을 아이들은 알고 있다. 이런 분위기 속에서 상당수 아이들은 '누구도 문제를 해결할 수 없다'는 것을 오랜 시간동안 학습해 왔다고 볼 수 있다. 어른들 입장에서는 친구 문제로 목숨을 끊는 것이 무모해 보일 수 있으나, 아이들 입장에서는 아무도 도와주지 않는 현실을 알기 때문에 그 끔찍한 현실에서 탈출하고자 내리는 극단적인 선택이 바로 자살인 것이다. 내 아이를 방관자를 만드는 교육을 시키면, 내 아이가 피해를 입었을 때도 결코 도움을 받을 수 없다는 사실을 잊지 말아야 한다.

학교폭력 방관 여부 체크리스트	
문항	확인
더 안 좋은 일이 일어날까 봐 아무 말도 안 한다.	☐
집단 따돌림 광경을 보고 모르는 척 자리를 피한다.	☐
덩달아 따돌림당할까 무서워 가만히 있는다.	☐
가해자의 보복이 두려워 가만히 있는다.	☐
가해자 쪽의 숫자가 더 많아서 겁이 나기도 한다.	☐
학교폭력 상황에서 주변 친구들의 눈치를 살핀다.	☐
따돌림당하는 아이가 친구가 아니므로 아는 척하지 않는다.	☐
학교폭력이 나와는 관계없는 일이라고 생각한다.	☐
친구가 따돌림당하는 상황에서도 내 할 일을 한다.	☐
학교폭력 상황을 봐도 평소대로 행동한다.	☐
친구가 따돌림당해도 별 관심이 없다.	☐
가해 학생 피해 학생 양쪽 다 문제가 있다고 생각한다.	☐

구체적인 행동 요령을
일러 주자

방관하는 아이들도 여러 유형으로 나뉠 수 있다. 피해 아이를 보며 그런 취급을 받아도 당연하다 여기는 아이, 자신이 피해자가 되지 않기 위해 침묵하는 아이, 고통 받는 친구를 돕지 못하는 현실에 죄책감을 느끼지만 행동으로 옮기지는 못하는 아이 등 다양하다. 아이들을 방관자 입장에서 탈피하게 하는 방법은 무엇일까?

첫째, 방관자는 잘못이 없다는 생각을 바로 잡아야 한다. 많은 경우 방관자는 아무 잘못도 없다고 생각한다. 방관자는 그저 갈등 상황에 무관심한 학생일 뿐이라 여긴다. 이 생각부터 바로잡자. 학교폭력을 방관하는 것 역시 잘못이라는 사실을 아이들에게 알려 주어야 한다. 가해 행동을 방관하는 것은 가해 아이가 옳다고 인정하는 일이며, 그 아이에게 힘을 실어 주는 것이라는 점을 아이들에게 깨닫게 해 주자.

얼마 전 친한 친구의 알몸 사진을 찍은 아이들과 그걸 방관한 아이들의 이야기가 뉴스에 소개되었다. 이 사건으로 직접 사진을 찍은 아이뿐 아니라, 사진 찍는 것을 지켜본 아이들도 모두 처벌되었다. 사진 찍는 모습을 지켜봤다는 것만으로 처벌받은 아이들은 억울해했다. 적극적으로 친구를 괴롭히지는 않았지만 아무 생각 없이 폭력을 방관하는 것도 관계적 폭력에 동조한 것으로 인정되어 처벌이 내려진 것이다. 그러므로 방관자도 처벌받을 수 있다는 사실을 아이들에게 명확히 알려 주어야 한다.

둘째, 자신도 학교폭력의 희생자가 될 수 있다는 두려움을 없애 주어야 한다. 한 중학교에서는 학교폭력을 발견했을 때 익명으로 신고하도록 교육했다. 아이들이 자신의 신분을 밝히지 않고 문자메시지로 간단하게 학교폭력을 신고하도록 했는데 그 이후 학교폭력이 반으로 줄어들었다고 한다. 지금도 이 학교에서는 학교폭력 사건이 일어나면 여러 명에게서 동시에 문자 신고가 들어온다고 한다.

셋째, 학교폭력을 신고하는 것은 비겁하고 창피한 일이 아니라는 점을 가르쳐야 한다. 아이들은 선생님에게 괴롭힘이나 학교폭력 사건에 대해 이야기하는 것에 죄의식을 가진다. 친구의 잘못을 이르는 것은 비겁하다는 생각을 갖고 있기 때문이다. 선생님께 폭력 사실을 전달하는 것은 비겁한 일이 아니라 용기 있는 자만이 할 수 있는 행동임을 주지시킬 필요가 있다.

넷째, 학교폭력을 맞닥뜨렸을 때 구체적으로 어떻게 행동해야 할지 알려 주어야 한다. 먼저 담임교사에게 알리도록 한다. 여러 이유로 담임교사에게 알리기 힘든 경우에는 학교폭력 신고 전화인 117번으로 연락하도록 한다.

학교폭력을 대하는
현명한 부모의 대응 전략

　　괴롭힘을 비롯한 학교폭력 문제가 심각한 사회 문제로 대두되면서 학교폭력을 해결하기 위한 다양한 대책들이 발표되고 있다. 경찰이 학교폭력 근절을 목표로 적극 나서고 있고, 정부에서는 복수담임제나 전문 상담교사 배치 등 여러 가지 대책을 내놓고 있다. 언론매체에서도 학교폭력을 비중 있게 다루고 있고, 청소년 관련 사설 단체들 역시 앞다투어 나서고 있다. 학교폭력 문제를 해결하기 위해 각계각층에서 노력하는 것은 반길 만한 일이지만 여기에 핵심이 빠져 있다. 바로 담임교사들의 자리가 없다는 것이다.

　아무리 좋은 대책이 있어도 그 대책을 직접 실행하고 아이들에게 전달하고, 대책에 대한 평가를 할 사람이 담임교사임에도 담임교사들을 배려한 정책은 좀처럼 나오지 않는다. 오히려 학교폭력이 담임교사들의 잘못인 양 몰아가는 분위기가 만연해 있는 것이 우리의 현실이다.

학교폭력을 은폐하고 방관했다는 혐의로 한 중학교의 담임교사가 입건된 사건이 있었다. 담임교사가 자신이 맡고 있는 반 아이가 괴롭힘을 당하고 있는데도 이를 모른 체하고 해결하려고 하지 않은 것은 분명 잘못된 일이다. 하지만 현재 우리나라 담임교사들이 처한 현실을 생각한다면, '학교폭력에 대한 1차적인 책임을 교사에게만 떠넘기려 한다'는 교사들의 억울한 입장도 이해가 간다.

학교폭력을 사전에 예방하기 위해서는 담임교사가 아이들의 역동적인 관계를 세심하게 살피고 생활지도에 힘써야 함에도 소위 잡일이라고 하는 행정 업무가 많아 수업과 상담 등 담임 본연의 임무에 투자할 시간이 많지 않은 것이 사실이다. 학교폭력은 아이들 간의 권력관계 속에서 발생하는 만큼 아이들의 관계를 파악하고 문제 가능성이 높은 아이에게 더 많은 시간을 투자해야 한다. 반을 민주적으로 운영하고 '우리는 하나'라는 공동체 의식을 불러일으키기 위해서는 충분한 시간이 확보되어야 하고, 담임교사들의 정신적인 에너지도 필요하다.

하지만 우리의 현실을 보자. 담임교사들이 학교폭력 예방과 해결을 위한 적극적 활동을 할 수 있는 여건은 마련해 주지 않고 담임교사들이 잘못해서 학교폭력이 심해지고 있다며 욕을 하고 있는 상황이다. 쉽게 말해 담임교사들의 손발을 꼭 묶어 놓고 '왜 움직이지 않느냐'고 채근하고 있는 것이다. 실제로 담임교사들이 적극적으로 개입하고 학교폭력을 알리려 해도, 학교 행정가들은 쉬쉬하는 경우가 많다. 물론 학교에도 그럴 만한 사정이 있다. 교사가 교육청에 보고하고 경찰에 신고하는 등의 원칙에 따라 처리하면 해당 학교는 학교 평가에서 불이익을 받을 수 있기 때문에 문제를 크게 만들지 않기 위해서만 안간힘을 쓰는 것이다.

수직 배열된 교사들 간의 서열 역시 담임교사들을 힘들게 하고 있다. 교장, 학생주임, 담임교사가 각자의 역할에 집중하며 수평적인 관계를 이루는 것이 바람직한데, '교장-교감-학생주임-담임교사'라는 수직적인 권력 구조가 형성되었다. 이 구조에서 하위에 있는 담임교사에게는 큰 힘이 없다. 아이들 역시 이것을 알기 때문에 담임교사가 학생 간 문제에 개입하면 우습게 생각하고, 피해 아이도 담임교사가 도움이 안 된다고 생각해 피해 사실을 이야기하지 않는다.

특히 남자아이들을 가르치는 여교사들의 경우 체력과 힘에서 아이들에게 밀리기 때문에 더 어려움을 느낀다. 생각해 보라. 자기보다 키가 한 뼘이나 크고 자신을 번쩍 들어 올릴 수 있을 정도로 힘이 센 남학생이 자신을 분노에 찬 눈초리로 쳐다보거나 폭력을 행사할 때 공포심을 느끼지 않을 수 있는 여교사가 얼마나 되겠는가.

여기에 학부모마저 교사의 역할을 과소평가하면서 어려움이 극에 달하고 있다. 담임교사의 말보다 학원 강사의 말에 더 신경을 쓰는 것은 물론 학교폭력이 발생했을 때 담임교사를 통해 문제를 해결하려 하지 않고 직접 나서는 경우가 많다. 앞으로 다루겠지만 학교폭력 문제가 발생했을 때 부모가 직접 나서는 것은 금물이다. 어떠한 경우든 담임교사를 통해 문제를 해결해야 한다. 아이들의 관계에 조금만 관심을 가지면 아무리 둔한 교사라 해도 누가 반에서 권력을 쥐고 있고, 누가 괴롭힘을 당하고 있는지 금방 파악할 수 있고 효과적으로 문제를 해결할 수 있다.

담임교사를 둘러싼 상황이 이러하다 보니 담임교사들 역시 '아이들의 관계를 알아도 할 수 있는 것이 없다'는 무력감에 빠져 적극적으로 대처하지 못하고 있다. 담임교사에게 권한도 없고, 학교 측도 학교폭력 신고를 반기지 않는 상황에서 학교폭력에 대한 대책이라고 나온 것이 공권력을 동원해 담임교사들을 혼내주는 것이니 교사들이 집단 우울 상태가 되지 않을 수 있을까.

교사 입장을 들여다보면, 학교폭력을 방치해서 징계받은 담임교사 역시 피해자임을 알 수 있다. 학교의 권력 구조 속에서, 담임교사의 권위가 무너진 사회 분위기 속에서 무력감을 느낀 교사가 할 수 있는 것이라곤 그저 지켜보는 일밖에 없다. 학습된 무력감으로 우울증에 걸린 교사는 오히려 치료를 하고 상담을 받아야 할 대상이다. 그런 사람들을 입건하고 구속하는 것이 해결책이 될 수는 없다.

학교폭력 문제를 해결하기 위해서는 무엇보다 담임교사에게 힘을 실어 주어야 한다. 그래야 무기력한 교사에서 적극적인 교사로 변할 수 있다. 먼저 학교 문화를 수평적, 관계 중심적으로 바꾸어야 아이들도 그 관계를 보고 배우게 된다. 학교폭력이 발생했을 때는 담임교사를 중심으로 문제를 풀어 나가자. 서둘러 폭력문제를 마무리 짓기 위해 학생주임이나 교장, 교감이 나서는 것은 옳지 않다. 경찰의 개입도 반복적이고 질이 안 좋은 가해 아이를 처벌할 때만 필요하다. 여기에 덧붙여 학교폭력 대처 요령, 학급을 민주적으로 운영하는 방법 등 담임교사를 위한 다양한 교육이 제공되어야 한다. 담임교사가 학교폭력에 대한 권한과 책임을 함께 가진다면 보람을 느끼며 학교폭력 문제에 적극적으로 나서게 될 것이다.

인성 교육 없이
성공적인
입시 전략도 없다

　　『인성 교육 없이 성공적인 입시 전략도 없다』책의 초판을 썼던 10여 년 전만 해도 학교폭력은 중학교에서 극심하게 일어났다. 그렇지만 지금은 양상이 많이 달라졌다. 최근 교육부가 발표한 〈2025년 학교폭력 실태조사〉 결과에 따르면, 초등학생의 학교폭력 피해 응답률은 5.0퍼센트로 역대 최고치를 기록했다. 이는 중학교(2.1퍼센트)나 고등학교(0.7퍼센트)에 비해 압도적으로 높은 수치로, 학교폭력의 무게중심이 이제 중학교가 아닌 초등학교로 옮겨 왔음을 시사한다. 가해 응답률 역시 초등학교가 2.4퍼센트로 중학교(0.9퍼센트)보다 2배 이상 높았다. 특히 저학년 시기부터 언어폭력과 따돌림이 시작되는 양상을 보인다는 점에 주목해야 한다. 이는 아이들이 타인과 관계를 맺기 시작하는 초등 저학년에서부터 올바른 사회성과 공감 능력을 길러 주는 것이 학교폭력 예방의 '골든타임'임을 시사한다.

특히 부모들이 반드시 직시해야 할 변화는 2026학년도 대입부터 학교폭력 가해 기록이 수시뿐 아니라 정시(수능)전형에도 필수적으로 반영된다는 사실이다. 초등 시기의 사회성 결여가 낳은 비극이 이제 단순한 반성문 한 장으로 끝나지 않는다는 것이다. 이제는 대학 문턱에서 아이의 발목을 잡는 가장 치명적인 결격 사유가 공부 실력이 아닐 수 있으며, 공부만 잘한다고 해서 명문대에 갈 수 있는 시대가 완전히 저문 것이다.

더욱 주목해야 할 점은 한국대학교육협의회가 발표한 〈2026학년도 대학입학전형 기본계획〉에 명시된 '합격 취소' 가능성이다. 대학들은 학폭 기록이 있는 수험생에 대해 감점을 넘어 '지원 자격 부적격' 처리를 할 수 있으며, 입학 후라도 고의적인 은폐나 중대한 추가 사실이 드러날 경우 입학 허가를 취소할 수 있는 강력한 규정을 마련하고 있다. 소위 말하는 '빨간 줄'의 흔적이 훗날 합격 통지서를 무효로 만드는 부메랑이 되어 돌아올 수 있다는 뜻이다. 이제 부모가 챙겨야 할 가장 치명적인 입시 변수는 성적이 아니라 아이의 '사회성'이 되었다.

초등 시기의 학교폭력은 과거와 달리 매우 빈번하고 일찍 시작된다는 데 그 심각성이 있다. 초등 무렵 학교폭력을 경험한 아이들이 중학교에 가서도 학교폭력의 가해자나 피해자가 되기 때문이다. 실제로 초등학교 때 피해 아이였던 아이가 덩치가 커지고 힘이 세지면서 중학교 때 가해 아이가 되는 경우도 있고, 초등학교 때 가해 아이가 중학교에 들어와 힘에서 밀려 피해 아이가 되는 경우도 있다. 한 번 학교폭력을 경험한 아이들은 힘의 논리에 따라 반복적으로 피해 아이와 가해 아이가 되기 때문에 어려서부터 학교폭력 예방 교육을 하는 게 무엇보다 중요하다. 대처를 잘하면 아이를 학교폭력에서 지킬 수 있다.

맞벌이 부모가 늘면서 요즘 초등학생들은 혼자 지내는 시간이 많다. 그러다 보니 부모와의 관계도 멀어지고, 부모에게 배워야 할 배려, 공감, 사랑, 나눔과 같은 가치를 배울 기회도 줄어들고 있다. 또 너무 일찍부터 사교육 시장에 내몰려 경쟁을 강요당하면서 친구를 동반자로 생각하기보다는 경쟁자로 인식해 미워하는 경우도 많다. 타인에 대한 배려를 배우지 못한 아이들은 '장난'과 '폭력'을 구분하지 못하고 자신이 이런 행동을 했을 때 친구가 어떤 기분일지 애써 알려하지 않는다.

초등학교 때는 무엇보다 인성 교육에 힘써야 한다. 우리나라의 인성 교육 현실을 보면 유치원 때 교육이 전부라고 해도 과언이 아니다. 유치원 때는 선생님이 놀이나 체험 형태로 친구들과 어떻게 지내야 하는지 가르치고, 아이들 사이에 다툼이 생겼을 때도 적극적으로 개입해서 해결하는 법을 교육한다. 그래서 기를 쓰고 싸웠던 아이들이라도 선생님의 중재에 서로 '미안해', '괜찮아' 하며 금세 화해하고 같이 놀게 된다.

그런데 이런 모습은 초등학교에서는 거의 볼 수 없다. 적어도 인성 교육에 있어서는 초등 교육이 유치원 교육만 못하다. 학교 폭력에 대한 교육은 한 학기에 한두 번 보내는 가정통신문이 전부이고, 아이들이 싸웠을 때도 선생님이 적극적으로 개입하기보다는 싸운 아이들을 벌주는 것으로 끝내는 경우가 많다. 유치원이나 어린이집 교과 과정에는 인성 교육에 대한 내용이 들어 있지만 초등 과정에는 제대로 된 수업 안도 없는 상태이다. 7세 고시, 4세 고시 같은 말이 나올 만큼 많은 아이들이 선행학습을 시작하면서 가정에서든 학교에서든 인성 교육은 남의 나라 이야기다.

중학교에도 인성 교육이 부족하기는 마찬가지다. 치열한 입시 경쟁 체제 속에서 한 학기에 배우는 과목 수는 조정되었지만, 문제는 국어, 영어, 수학 같은 입시에 필요한 과목은 줄어들지 않고 윤리나 도덕, 예체능 과목이 축소된 데 있다. 오히려 공부에 대한 부담이 더 강해진 것 아닌가 하는 생각이 들기도 한다. 이런 상황에서 인성 교육이란 힘들 수밖에 없다.

집단 따돌림이나 괴롭힘 예방을 위해서는 초등학교 때 인성 교육에 힘써야 한다. 인성 교육을 통해 자신이 소중한 사람이라는 자존감을 키우고, 친구들과 문제가 있을 때 합리적으로 해결할 수 있는 감정 조절 능력을 키워야 한다. 그래야 초등학교 저학년 때부터 극심해지는 학교폭력을 막을 수 있고, 아이가 건강한 사회인으로 성장할 수 있다.

우리나라 아이들에게 학교는 또래 친구들과 성적 경쟁을 해야 할 뿐 아니라 따돌림이나 괴롭힘의 표적이 되지 않으려고 늘 긴장해야 하는 공간이기도 하다. 아이들이 '학교는 늘 안전하며 피해자를 도와주는 곳'이라는 인식을 가질 수 있으려면 이제라도 학교 문화가 달라져야 한다.

모든 부모는 내 아이가 학교에서 친구들과 잘 지내고 공부도 잘하기를 원한다. 그러나 이것은 부모의 바람일 뿐이다. 다양한 성장 배경을 가진, 다양한 아이들이 모이는 학교에서 갈등이 없을 수는 없다. 관건은 이 갈등이 곪아 터지기 전에 평화적인 방법으로 해결할 수 있도록 가르치는 것이다. 타인을 배려하는 마음을 가르쳐야 하며, 다른 사람을 괴롭히고 무시하는 것, 기분 나쁘게 이야기하는 것, 위협적인 집단행동을 하는 것, 폭력을 보고 방관하는 것 모두 폭력임을 알려 줄 필요가 있다.

그리고 무엇보다 '여럿이 모이다 보면 마음에 안 드는 친구도 있을 수 있지만 같은 반이니까 함께 어울려 보자', '평화로운 방법으로 문제를 해결해 보면 어떨까' 하는 마음을 갖는 학급 문화를 형성하는 것이 중요하다. 수업 시간에는 다양한 활동을 통해서, 가정에서는 아이들과 대화를 나누며 공동체의 가치를 이야기해 주자.

서로를 지탱하며 성장하는 아이들

호주의 브리즈번에서 내가 가족과 함께 머무는 동안 바람직한 학교의 모습을 본 적이 있어 함께 공유했으면 한다. 그때 경험한 호주의 초중등학교는 한마디로 정의하면 '모든 학교 구성원의 행복을 추구하는 학교'였다. 가장 인상 깊었던 점은 호주의 학교에서는 신입생들을 새로운 가족을 맞이하는 느낌으로 대한다는 사실이었다. 생각해 보니 학교에서 하루의 6~7시간을 함께 있으면서 같이 먹고, 놀고, 이야기하고, 공부하는 학생과 선생님은 가족 같은 관계가 맞을 듯도 했다.

새로 입학하는 두 아이를 데리고 간 호주 학교에서 그런 느낌을 받았던 가장 주된 이유는 약자에 대한 배려, 그리고 이질적인 문화를 가진 부모에 대한 배려 때문이었던 것 같다. 선생님의 배려는 면담 때부터 드러났다. 학교생활에 대해 자세히 설명해 주는 것은 물론 싱거운 질문들에도 성의껏 대답해 주었다. 더욱 놀라운 사실은 이 모든 자질구레한 일을 교장 선생님이 도맡는다는 것이었다. 처음 학교에 갔을 때 '교장 선생님을 만나라'는 말을 듣고 솔직히 10분 정도 인사와 덕담이 오가는 시간으로 생각했다. 그 정도였기에 질문할 거리도 많이 준비해 가지 못했다.

그러나 면담은 한 시간을 넘겨서 우리 가족이 호주에 온 이유, 학교에 대한 기대, 우리 아이들이 좋아하는 것과 싫어하는 것, 식성, 호주에서 적응하는 데에 따른 어려움에 대한 공감 등으로 이루어졌다. 그 후 자리를 옮겨 학년주임에게서 교복, 양말, 급식, 방과 후 활동, 통학 방법에 대한 자세한 설명을 다시 들을 수 있었다. 이러한 과정을 통해 '학교는 가정의 연장'이라는 느낌을 강하게 받았다.

물론 우리 가족의 사례가 전체의 경험을 대변하지는 못한다. 그러나 교장 선생님이 권위적인 존재가 아닌 선생님들의 행정적 부담을 덜어 주는 좋은 행정가이자 친절한 안내자인 교육 문화는 우리의 학교도 본받아야 할 점이 분명히 있다고 생각된다.

폭력과 갈등을 예방해 주는
교육 환경

호주 교육에서 한 가지 더 좋은 본보기는 부모의 참여를 자연스럽게 유도하는 열린 학교 문화다. 학교는 안전하게 학생을 보호해야 할 책무가 있으므로 학교장이나 행정 당국의 허가 없이는 출입이 안 된다. 학교를 방문하는 경우 지켜야 하는 규칙들도 엄격하다.

하지만 여러 학교 행사만큼은 다양한 경로로 학부모와 지역 주민을 참여시키고자 노력하는 모습이 엿보였다. 음악반의 공연, 미술 전시회, 디스코 타임, 수영 대회 등 학년별 행사가 자주 열리고 부모가 참여해 즐길 수 있는 스케줄도 꼭 함께 넣는다. 행사 준비부터 학부모가 참여할 수 있도록 하고, 각자 가져온 음식으로 함께 다과를 즐기며, 아이들과 선생님들이 함께한 노력의 결실을 가족들과도 나누는 시간을 갖는다. 이렇게 평소에 편안하게 학교에 드나들었기 때문에 만약 아이에게 문제가 생겨서 학교에 가게 되더라도 부담 없이 상담할 수 있을 듯했다.

호주의 학교는 우리와 달리 체육 활동을 무척 강조하고 있는 것도 인상적이었다. 초중등 과정 모두 매일 오전 휴식 시간에 체조나 구기 운동을 하도록 한다. 수영은 가장 기본적인 운동 활동으로 50미터를 갈 수 있는 능력을 초등학교 저학년 때 길러 준다.

뇌과학적으로도 운동은 신경 성장인자의 분비, 뇌 신경세포의 증식과 분화, 시냅스 형성 촉진을 통한 신경망 활성화와 연관된다. 심리적으로는 신체 자아를 발달시키고, 자존감을 키우는 데 도움이 된다. 호주에서 뇌의 발달과 더불어 심리적 건강성을 증진시키는 체육 활동에 대한 투자는 평생의 건강을 책임지는 교육 활동의 핵심으로 해석된다.

체육 활동은 남자아이들의 공격성을 현저히 줄여 준다. 최근 학교폭력 문제를 줄이기 위해서 체육 시간을 1시간 늘리거나 주말에 운동하는 프로그램을 만든 학교가 많아졌다. 서울의 한 고등학교에서는 점심시간을 80분으로 늘리고 학급별 축구 리그전을 많이 열었더니 친구들이 사이가 좋아지고 학교폭력 문제가 현저하게 줄었다고 한다. 처음에 체육 시간을 늘리면 학습에 지장을 줄 것이라는 우려가 있었지만, 아이들은 오히려 집중력이 더 높아졌다고 말했다. 사춘기를 맞아 스트레스와 폭력성이 증가하는 아이들에게 스포츠가 공격성을 풀 수 있는 분출구가 되기 때문이다. 더불어 공정한 경쟁과 결과에 승복하는 자세를 알게 하는 역할도 있다.

다양한 배합을 통해
학생에게 필요한 것을 찾아 주는 학교

사실 개별 아동의 능력은 차이가 날 수밖에 없다. 학습능력, 공간이해능력, 수리능력, 공감력, 예술능력 등 다양한 측면에서 아이들은 고유의 강점과 약점을 가지고 있다. 여러 가지 측면이 다 우수한 아이들도 있지만, 어느 측면의 능력은 그 나이의 발달 수준을 못 따라가는 경우도 있다. 이렇게 각자 다른 아이들의 능력을 극대화하기 위해서는 잘하는 아이와 못하는 아이를 나누어 따로 교육해야 할까? 아니면 다양한 능력을 지닌 아이들을 함께 교육하며 서로 도움을 주고 이해하는 능력을 키워야 할까?

나는 균형과 배합에서 해답을 찾고 싶다. 균형과 배합을 잘하려면 다양성을 포괄하면서도 수월성을 인정하는 진짜 공정성과 평등을 보여 주는 문화가 자리 잡아야 한다.

다시 호주 이야기로 돌아가서, 호주에 도착해서 2주 후에 학교를 찾아갔을 때 우리 아이들이 전반적인 능력이 떨어진다는 평가를 들었다. 영어를 거의 못하니 능력을 발휘하려고 해도 할 수가 없었던 것이다. 이럴 경우 호주 중학교에서는 영어 이해·말하기 능력을 키우기 위한 코스를 필수적으로 거치고 수업을 듣도록 하고, 초등학교는 저학년일 경우에는 바로 수업에 참여할 수 있도록 한다. 그 학년의 학습 수준에 따라 달리 대처하는 것이다. 이것이 바로 다양한 배합을 통해 학생에게 가장 필요한 것을 찾아 주려는 노력이 아닐까?

그런 노력은 '능력이 떨어지는 아이도 안고 가는 문화'가 바탕이 되어야 가능하다. 아이들은 학교를 통해 사회를 배우고 준비한다. 우리 사회를 안정되고 건강한 사회로 만들려면 서로 돕고 사랑하는 문화를 만들어야 한다. '함께 가는 문화'를 뼛속 깊이 심어 주어야 하는 것이다. 그래야 자신과 다르다고 해서, 자신의 마음에 들지 않는다고 해서 친구들을 괴롭히는 문화를 없앨 수 있다.

호주의 학교에서는 정신건강과 삶의 질을 강조한다. 호주는 OECD 국가 중 자살 문제를 가장 잘 해결한 국가로 꼽히는데, 1990년대 후반 정점에 달했던 자살률이 국가 차원의 예방 전략을 수립하고 시스템을 안착시킨 이후로 22퍼센트나 감소했고, 수십 년간 낮은 자살률을 유지하고 있다.

특히 청소년과 청년의 자살률이 많이 감소했다. 최근에는 SNS 과다 사용으로 인한 청소년 정신건강 문제해결을 위해 15세 이하 청소년 SNS 사용을 금지하는 보호 조치를 실시하여 긍정적인 정신건강 증진 효과를 보고하였다. 학교를 통한 광범위하고 지속적인 정신건강 교육과 정신적 위기에 대한 조기 대응 정책의 결실이라 할 수 있다. 호주는 유치원 때부터 아동 정신건강 교육 프로그램을 실시하고 있다. 우리나라처럼 아이들을 한 군데 모아 놓고 강사가 떠드는 것이 아니라 교과과정에 이런 교육이 녹아들어 있다. 연극을 통해 놀림받는 아이의 마음을 느끼게 하고, 그림을 통해 자신의 감정을 표현하도록 한다.

우울, 불안, 주의력결핍 등 아이들의 정신건강 문제에 대한 부모 교육도 자주 열리고, 도움이 필요한 아이들을 위한 구체적인 지원책도 마련되어 있다. 전문적인 도움이 필요할 경우 학교에서 1차적으로 상담 서비스를 받을 수 있고, 그 결과를 선생님과 부모가 공유한다. 우리나라의 경우 상담을 받는다고 하면 아이가 정신병자 취급을 받을 것을 우려해 공개를 꺼리는데 호주에서는 그렇지 않다. 수학을 못하는 아이를 위해 부모가 선생님과 수학 공부법에 대해 이야기하는 것과 똑같은 태도로 상담을 받는다.

이제 우리나라 학교에서도 아이들의 정신건강에 관심을 가져야 한다. 아이들의 성적을 올리기 위한 노력뿐 아니라 정신건강을 돌보는 노력이 함께 이루어졌을 때 갈등 없는 행복한 학교를 만들 수 있다.

5장

은밀한 괴롭힘으로부터
내 아이를 지키는 기술

만약 내 아이가 교실에서 집단 따돌림이나 괴롭힘을 겪고 있다면 어떻게 해야 할까? 대개의 부모는 "왜 당하고만 있냐"며 아이를 몰아세우거나 가해 아이를 찾아가 혼내는 등 감정적으로 행동하기 쉽다. 하지만 감정적인 대처는 아이의 마음에 깊은 상처를 남길 수 있으며, 더 무력한 상태로 만들 뿐이다. 이때 가장 먼저 해야 할 일은 아이를 보호하고 위로해 주는 것이다. 그런 다음 아이를 보호할 수 있는 적절한 대처 또한 필요할 것이다. 마지막으로는 아이의 상처가 아물 때까지 마음을 어루만져 주어야 한다. 여기에서는 아이의 상처를 키우지 않으면서, 친구 문제에 현실적으로 대응하는 방법을 살펴보자.

★── "엄마한텐 비밀이야"
⊛── 학교 일을 숨기는
◆── 아이의 속마음

    희준이는 초등학교 때부터 끊임없이 상진이에게 괴롭힘을 당해 왔는데, 중학교에 입학하면서 그 괴롭힘은 더 심해졌다. 선생님이 없는 시간이면 친구들에게 "희준이와 이야기하면 찌질이가 된다"라며 끊임없이 모욕을 주고, 언어폭력을 행사했다. 화장실 안에서는 성적 수치심을 유발시키는 행동을 시키기도 했다. 게다가 돈까지 가져오게 했다.

    희준이 엄마는 얼마 전부터 아이가 자신의 지갑에서 돈을 가져간다는 사실을 눈치채고 아이를 추궁했다. 희준이는 친구들과 뭘 사 먹으려고 하는데 돈이 부족하다고 변명했지만 왠지 의심스러웠다. 얼마 후 손에 피멍이 들고, 목에 상처까지 나자

199

희준이 엄마는 희준이에게 솔직히 말하라고 다그쳤다.

그때서야 아이는 초등학교 때부터 상진이가 끊임없이 괴롭혔고, 올해 중학교에서 상진이와 같은 반이 되면서 더 심하게 자신을 괴롭히고 있다고 털어놓았다. 그동안 희준이 엄마는 전화와 문자를 자주 보내는 상진이가 희준이와 친한 친구라고 착각하고 있었던 것이다. 몇 년이 지난 지금에서야 심각성을 알게 된 것에 기가 막혔다. 희준이 엄마는 아이가 괴롭힘을 당하고 있었다는 것도 충격이지만, 그것보다 더 충격적인 사실은 아이가 그렇게 오랫동안 자신에게 말하지 않았다는 점이었다.

실제로 학교폭력에 관한 연구 결과를 보면 과거에 비해 피해 사실을 주위에 알린다는 응답이 높아지고는 있으나, 여전히 아이들은 부모에게 피해 사실을 털어놓기를 주저한다. 아이들은 고통스러운 순간에도 "부모님께 말하면 일이 커질까 봐", 혹은 "걱정하거나 속상해할까 봐" 가장 가까운 보호자 앞에서도 망설이는 것이다. 결론부터 말하면 교사나 부모에게 말해도 해결되지 않을 거라 믿기 때문이다. 내가 어떤 노력을 해도 돌아오는 것은 무서운 보복뿐이며, 가해 아이가 자신을 더욱 괴롭힐 거라고 믿는다. 이것은 학습된 무력감에서 나온다. 학습된 무력감이란 피할 수 없거나 극복할 수 없는 환경에 반복적으로 노출되면서 자신의 능력으로 해결할 수 있는 일임에도 미리 포기해 버리는 것을 말한다. 아이들은 어쩌다가 이런 학습된 무력감에 빠지게 된 것일까?

우선 어린 시절 이와 비슷한 문제가 생겼을 때 제대로 도움을 받지 못한 경험이 있을 가능성이 있다. 유사한 상황에서 "네가 알아서 해봐", "네가 우니까 그렇지", "네가 당당하면 되지"라고 하면서 아이를 제대로 도와주지 않은 일은 없는지 반성해 보아야 한다.

게다가 10대 아이들이라면 시기적으로 부모에게서 독립하고 자아가 발달하는 때라서 부모에게 고민을 말하기가 쉽지 않다. 자아가 발달하는 시기라 자존심 때문에 말을 하지 못하는 것이다. 이 아이들에게 자기가 힘없는 존재임을 고백하는 것은 죽기보다 싫은 일이다. 게다가 10대 아이들에게는 부모에게 걱정을 끼치지 않아야 한다는 심리도 크다.

그동안 학교, 사회, 부모가 학교폭력에 대해 제대로 대처하지 못한 점도 무력감을 유발할 수 있다. 가해한 아이는 떳떳하게 학교를 다니고, 피해를 입은 아이가 전학을 가는 모습을 보면서 아이들은 교사나 부모에게 말해도 소용없다는 생각을 하게 된다. 가해 아이는 계속적으로 다른 아이들을 괴롭히고 피해를 입은 아이들은 계속 피해를 입는 분위기가 만연하면 아이들은 부당한 폭력에 무감각한 상태가 된다.

자신의 힘으로는 도저히 문제에서 벗어날 수 없고, 주변에 알린다고 해도 해결할 수 없을 것 같은데 괴롭힘을 당하는 지금이 너무 힘들 때, 아이들은 자신이 할 수 있는 유일한 방법으로 자살을 떠올리기도 한다.

하루 30분, 무장해제된 대화 시간이 필요하다

실제로도 자살하는 아이들은 늘고 있다. 우리나라의 자살률은 여전히 OECD 가입국 중 1위이고, 청소년 자살률 역시 1위를 기록하고 있다. 주목할 만한 사실은 청소년 자살의 원인으로 과거에는 성적 비관, 가정불화 등이 많았으나, 최근 들어 집단 따돌림과 학교폭력 등이 늘고 있다는 점이다. 최근 발표된 청소년 관련 통계 및 연구에 따르면, 학교폭력 피해를 경험한 학생 중 30퍼센트 이상이 극심한 우울감과 함께 자살 충동을 느끼는 것으로 보고되고 있다. 자살 사고는 학교폭력이 늘어날수록, 폭력의 정도가 강할수록 증가하는 것으로 나타났다.

아이들의 자살 사건을 바라보는 어른들의 시각은 다양하다. '아이가 얼마나 괴로웠으면 자살이라는 선택을 했을까' 하며 안타까워하는 사람도 있고, '왜 자살이라는 극단적인 생각을 했을까?' 하는 의문을 갖는 사람들도 있다. 때로는 '자식이 그 지경이 될 때까지 부모가 어떻게 아무것도 몰랐을까' 하며 부모를 탓하는 사람들도 많다. 실제로 자살로 자식을 떠나보낸 많은 부모들이 괴로워하는 점 역시 '아이가 죽도록 힘들어했는데 부모로서 아무것도 몰랐다'는 것이다. 평소 부모와 갚은 대회를 나누곤 했던 아이조차 학교폭력에 대해서는 이야기를 하지 않는 경우도 제법 있어 부모의 안타까움과 죄책감을 더하기도 한다.

그런데 이것은 결코 부모의 잘못이 아니다. 청소년기 아이들은 아직 다양한 해결책을 생각할 수 없기에 극단적인 생각을 하기 쉽다. 세상을 살아본 경험이 있는 어른들은 문제가 생겼을 때 어떻게든 해결할 수 있다고 믿지만, 청소년기에는 어떻게 해도 폭력과 집단 따돌림에서 벗어날 수 없다는 생각에 매몰되기 쉽다.

아이들이 피해 사실을 부모에게 털어놓을 수 있는 분위기를 만들려면 앞서 이야기한 '들어주는 대화'가 중요하다. 지시를 하거나, '이건 옳고, 저건 그르다'는 식으로 판단을 하거나, 공부 이야기 위주로 대회를 이끌면 아이들은 입을 닫아 버린다. 옆집 이웃과 만나 수다를 떨 듯이 자연스럽게 아이와 대회를 해 보자. 그래야 대화를 통해 감정이 정리되고 좋은 해결책도 얻을 수 있다.

아이가 도움을 요청할 때,
골든타임을 지켜라

아이들이 친구 관계의 갈등을 넘어 학교폭력을 겪고 있다는 사실을 털어놓았을 때는 어떻게 해야 할까?

"혼자 많이 힘들었겠구나."
"지금이라도 엄마에게 이야기해 주어서 정말 고마워."
"엄마가 어떻게 도와줄까?"

마음에 품은 사실을 꺼내어 놓은 아이는 이런 말을 들으면 상대 어른을 자신의 편으로 느낀다. 이때 부모는 진심으로 아이에게 다가가야 한다. 마음은 그렇지 않은데 말만 공감하는 척한다면 아이는 더 이상 부모에게 마음을 열지 않는다. 앞에서 이야기 했듯 학습된 무력감만 다시 한 번 느끼게 될 뿐이다. 아이의 이 야기를 귀 기울여 들어주고, 충분히 위로해 준 다음 문제해결에 나서야 한다. 충분한 공감과 위로는 아이의 상처받은 마음을 어 루만져 주고, 아이가 문제해결에 나설 수 있는 힘을 준다. 학교 폭력 피해를 당한 아이를 안아 주고 감싸 주어 어른을 신뢰하게 만드는 것이 최우선이다.

"부모는 아이의 재판관이 아니라 변호인이 되어야 한다."

세계적인 심리학자 하임 기너트Haim G. Ginott의 말이다. 폭력 피 해에 대해 아이와 이야기할 때는 "그래, 그래" 하고 고개를 끄덕 이며 적극적인 변호인이 되자. 이 과정에서 아이는 부모에게 충 분히 자신의 이야기를 하면서 스스로 지혜로운 결론을 찾아간 다. 부모의 역할은 아이의 문제를 직접 나서서 해결하는 대리인 이 아니라, 아이가 현명하게 스스로 어떻게 행동해야 할지를 결 론 내리도록 도와주는 멘토가 되어 주는 것이 좋다.

사실 집단 따돌림을 당하는 아이를 바라보는 시선 중 하나는 '따돌림당할 만한 행동을 하니까 당한다'는 것이다. 부모들 역시 아이가 따돌림을 당한다는 사실을 알게 되면 '내 아이에게 무슨 문제가 있는 것이 아닐까?' 하는 생각을 하기 쉽다. 자신과 아이를 동일시하는 부모들은 아이에게 "왜 바보같이 맞고 다니냐?", "네가 그런 모습을 보이니 괴롭힘을 당하지" 하며 상처 주는 말을 하기도 하고, 자책감에 부모마저 위축되기도 한다.

그렇지만 이런 생각이 들더라도 아이에게 표현해서는 안 된다. 그렇지 않아도 따돌림으로 자존감이 바닥으로 떨어진 아이는 부모에게서 '네 탓'이라는 표현을 들으면 더 큰 상처를 받고 만다. 아마 부모에게 이야기한 사실을 후회하며 다시는 고민을 털어놓지 않을 것이다. 분명한 것은 '따돌림당하는 아이'가 문제가 아니라, '따돌림시키는 아이'가 문제라는 사실이다. 자녀의 피해 사실을 알고 당황한 마음을 아이 탓으로 돌리는 잘못을 범하지 말자.

부모가 범하기 쉬운 또 하나의 실수는 내 아이가 따돌림을 당한다는 것을 알게 되는 순간, 감정 조절하기가 쉽지 않다는 점이다. 흥분하고 분노하기 전에 고민을 털어놓는 지금 아이의 심경은 몹시 복잡하다는 것을 기억하자.

따돌림 피해 사실을 털어놓으며 아이는 '어쩌면 엄마, 아빠한테 혼날지도 모른다'는 생각을 하고 있을지도 모른다. 동시에 '엄마, 아빠 역시 아무것도 해결해 주지 못할 걸……'이라는 불안함도 갖고 있다. 그런 아이가 흥분한 부모의 모습을 보면 어떤 느낌을 갖게 될까. 아이는 '우리 엄마는 내 문제를 해결해 줄 수 없겠구나' 혹은 '우리 아빠는 문제를 더 크게 만들 것 같아'라는 생각에 마음의 문을 닫고 말 것이다.

반대로 부모가 차분하게 이야기를 들어주며 언제부터, 어떻게, 얼만큼의 피해를 입었는지 파악하고 문제를 해결할 수 있다는 견해를 설득력 있게 이야기해 주면 '우리 엄마가 내 문제를 해결해 줄 수 있겠구나' 하고 안도하게 된다. 귀는 열어 두되 아이 스스로 문제를 해결할 수 있도록 이성적으로 접근할 필요가 있다. 아이의 고통을 보면서 차분하게 반응하는 건 정말 어려운 일이지만, 그러기 위해 노력할 필요가 있다.

아이 스스로
해결책을 제시하도록 한다

아이의 이야기를 공감하면서 듣고 아이를 충분히 위로해 주었다면 그다음은 아이가 원하는 해결 방안에 대해서 이야기를 나눈다. 학교폭력 문제해결에 있어 어른들이 지켜야 할 원칙은 아이 마음을 받아 주되, 아이 스스로 풀어 나가도록 하는 것이다. 그렇지 않고 부모나 선생님이 나서서 이렇게 저렇게 하라고 지시하면 아이의 자발성을 저해해 다음에 똑같은 상황이 발생해도 스스로 해결하지 못한다.

예를 들어 아이가 이 문제로 힘들지만 혼자 해결해 보겠으니

기다려 달라고 하든가, 당장 학교에 찾아가서 해결해 주기를 바란다는 등의 의사 표시를 하면 그 부분에 대해 충분히 이야기를 나누고 가능하면 아이의 의견에 따라 주는 것이 좋다. 이때는 자녀가 바라는 해결안을 토대로 부모가 도움을 주는 것이 무엇보다 중요하다. 더불어 부모는 언제라도 문제가 심각해 질 때 아이를 도울 준비가 되어 있다는 점을 아이에게 인지시키면, 앞으로 어떤 문제가 생기더라도 아이는 두려움이나 망설임 없이 부모에게 도움을 요청할 수 있다. 아직 독립된 성인이 아닌 청소년기에는 어른에게 안전을 의지하고 싶은 내적 욕구도 무척 강해서 어른들이 자신을 지켜보고 있으며, 언제든지 도움을 청할 수 있는 상대라고 느낄 수 있으면 안심을 한다.

학교폭력 피해 징후 체크리스트

세계적인 심리학자 하임 기너트는 "부모는 재판관이 아니라 아이의 변호인이 되어야 한다"라고 강조한다. 부모의 역할은 아이의 문제를 직접 나서서 해결하는 대리인이 아니라, 아이가 현명하게 스스로 어떻게 행동해야 할지 결정 내리도록 도와 주는 멘토가 되어야 한다.

그러나 아이들은 부모에게 친구 사이 갈등이나 고민을 털어놓고 도움을 요청하기를 주저한다. "부모님께 말하면 일이 커질까 봐", 혹은 "걱정하거나 속상해할까 봐" 망설이는 것이다. 부모가 아무리 노력하더라도 아이들은 정황 하나하나, 깊은 속내 등 모든 것을 이야기하지 않는다. 따라서 아이가 털어놓지 않아도 부모가 미리 징후를 발견해 낼 수 있어야 한다.

내 아이가 걱정되는 부모님용

다음의 문항들은 부모가 관심을 기울여야 할 신호를 점검하고 살펴보기 위한 참고 지표다. 여러 항목이 눈에 띈다면 평소보다 조금 더 세심하게 아이를 지켜보고 대화해 보길 권한다.

문항	확인
물건을 잃어버렸다고 하면서 다시 사 달라고 하는 일이 자주 있다.	☐
용돈을 평소보다 많이 쓰고, 자꾸 돈을 달라고 한다.	☐
외출하기 싫어하고 집에만 있으려고 한다.	☐
수업 끝나고 집에 돌아오는 시간이 늦어진다.	☐
학교 급식을 먹지 않으려고 한다.	☐
늦잠을 자고 학교 가기를 힘들어한다.	☐
구토와 두통, 설사 등 몸이 자주 아프다고 한다.	☐
성적이 급격히 떨어진다.	☐
얼굴이 어둡고 평소보다 기운이 없다.	☐
옷이 찢어지거나 구겨지고 단추가 떨어져 있다.	☐
하루 종일 멍하게 앉아 있을 때가 많다.	☐
집중력이 현저히 떨어져 있다.	☐

내 학생이 걱정되는 선생님용

아이들은 집에서 말하지 않지만, 학교에서는 이미 신호를 보내고 있는 경우가 많다. 부모가 아무리 세심하게 살펴도 가정 안에서만은 한계가 있다. 그래서 아이가 하루 대부분을 보내는 학교, 그리고 교실 안에서의 관찰이 중요해진다. 다음은 교사가 활용할 수 있는 학교폭력 피해 징후 체크리스트다.

문항	확인
수업 시간에 특정 학생에 대한 야유와 험담이 많이 나온다.	
특정 학생이 잘못했을 때 다수가 놀리거나 비웃어서 상대방의 기분을 상하게 한다.	
다수가 한 학생의 눈치를 보는 것 같은 느낌이 든다.	
이름보다는 비하하는 별명으로 친구를 부른다.	
주변 학생들에게 험담을 들어도 반발하지 않는다.	
자주 엎드려 있고 혼자 있는 모습이 자주 보인다.	
학교 급식 시간에 급식을 먹지 않는다.	
자주 조퇴나 결석을 한다.	
수업 시간에 멍하게 앉아 있고 집중하지 못한다.	
평소에 얼굴이 어둡고 웃는 일이 별로 없다.	
성적이 갑자기 떨어진다.	

상처 주는 부모의 말 vs
상처를 치유하는 부모의 말

아이에게 절대 하면 안 되는 말

> 기껏 학교 보냈더니 그런 일이나 당하니?

아이를 이런 말로 야단치는 것은 아이에게 두 번 상처를 주는 행위이다. 이미 아이는 친구에게 많은 상처를 받아서 마음 편히 기댈 곳을 찾고 있다.

> 그건 누구나 겪는 일이야. 별거 아닌 걸로 징징대지 마.

상황을 축소한 뒤 자신의 학창 시절을 떠올리면서 이야기를 흘려듣는다면 자녀는 이해받지 못한 상황 때문에 더욱 힘들어하고, 침묵하게 된다.

> **네가 그럴 줄 알았어. 평상시에 잘하지 그랬니?**

따돌림의 원인을 아이가 제공한 것처럼 해석하는 말을 들으면, 아이는 더 이상 이야기하기가 싫어질 것이다. 지금 아이에게는 무엇보다 충분한 공감과 위로가 필요하다.

> **누구야! 학교를 다 뒤집어 놓고 말 테다.**

지나치게 흥분하는 부모를 보면 자녀는 오히려 일이 잘못되어 버리지는 않을지, 소문이 나거나 친구에게 외면당하게 되는 것은 아닌지 두려워하게 된다.

> **넌 왜 이렇게 속을 썩이니? 너 때문에 내가 힘들어서 못 살겠다.**

자녀는 이미 학교폭력 상황에 있는 자신의 모습에 슬퍼하고 괴로워하고 있다. 부모의 비난은 자녀의 수치심과 무기력감을 더하게 한다.

> **당장 전학 가자.**

학교폭력을 당한 후 아이를 데리고 전학을 하는 것은 아이에게 '내가 잘못해서 전학을 간다'는 느낌을 주므로 바람직하지 않다.

아이에게 반드시 해야 하는 말

그동안 얼마나 힘들었니? 엄마가 안아줄게.

그동안 지쳤을 아이의 마음을 받아 주자. 전후 사정을 물어보기 전에 아이의 힘든 마음을 다독여 주어야 한다.

너를 도와 줄 수 있는 친구는 누가 있을까?

문제를 해결하기 위해 아이에게 자신이 괴롭힘을 당하는 것을 목격한 친구가 있는지 물어본다. 한 명의 친구라도 자신의 편이 될 수 있다는 사실을 알려 준다.

널 지켜 주지 못해 미안해. 반드시 이 문제를 해결할 거야.

부모로서 잠시나마 아이의 울타리가 되어 주지 못한 것을 사과하면 아이의 마음이 단단해지며, 여기에 부모가 문제해결의 의지를 보이면 아이는 안정감을 찾게 된다.

잘 견뎌 내면 더 현명한 사람으로 한 단계 성장하게 될 거야.

살아가면서 어려움 한번 겪지 않는 사람은 없다는 것을 이야기해 준다. 어려움을 통해 교훈을 얻고, 앞으로 나아가면 오히려 고난은 아이를 한 단계 성장시키는 좋은 기회가 될 수 있음을 알려 준다.

★ ── 흔한 다툼일까,

⊗ ── 학교폭력일까?

학교에서의 어떤 문제가 발생했을 때, 이것이 학교폭력인지 아니면 흔히 있을 수 있는 다툼인지 구별이 힘든 경우가 많다. 결론부터 말하자면 아이가 지속적인 괴로움을 느끼는 모든 상황이 학교폭력이다. 즉 심각한 상해를 입힌 것만 학교폭력이 아니라는 말이다. '뭐 그 정도 가지고 그래' 하는 가해 정도라도 피해 아이가 우울, 분노, 불안을 느낀다면 학교폭력이다. 예를 들어 단체 채팅방에서 내 아이만 쏙 빼놓고 대화를 하거나, 데이터 테더링을 강요하는 행동을 계속했다면 이는 학교폭력일까? 만약 피해 아이가 우울 불안, 분노를 느낀다면 그 행동만으로도 학교폭력이 될 수 있다. 기준은 피해 아이가 불안, 우울을 느끼느냐 그렇지 않느냐이다.

하지만 현실은 세심하게 피해 아이를 배려하지 못한다. 가해 학생 상당수는 일상화된 학교폭력으로 폭력을 가하고도 이를 폭력이라 인지하지 못하고 있다. 최근 교육부의 학교폭력 실태 조사 결과를 보면 여전히 안타까운 현실이 드러난다. 친구를 괴롭히는 이유로 '장난이나 특별한 이유 없이'라고 답한 비율이 32퍼센트로 가장 높았다. 10여 년 전보다 10퍼센트 정도 늘어난 수치다. 또 '상대방(피해 학생)'이 잘못했다거나 마음에 안 들어서라는 응답도 50퍼센트로, 상대방이 잘못하면 폭력으로 해결할 수 있다는 사고방식이 널리 퍼져 있다는 것도 알 수 있다.

반면에 피해 아이의 인식은 가해 아이와는 완전히 다르다. 학교폭력을 경험한 학생의 상당수가 죽음을 생각하고, 학교를 그만둘 것을 심각하게 고려한다. 즉 가해자가 장난으로 한 행동에 피해자는 죽음까지 생각하는 것이다.

예방 및 대책에 관한 법률 제2조 1항에 따르면 학교폭력이란 '학교 내외에서 학생을 대항으로 발생한 상해, 폭행, 감금, 협박, 약취·유인, 명예훼손·모욕, 공갈, 강요·강제적 심부름 및 성폭력, 따돌림, 사이버폭력 등에 의해 신체·정신 또는 재산상의 피해를 수반하는 행위'를 말한다. 여기서 학교 내외란, 학교 안과 학교 밖 모두를 의미한다. 학교 안이란 교실, 화장실을 포함한 학교 내의 공간을 말하고, 학교 밖이란 학원, 공원, 놀이터, 친구 집 등을 의미한다.

위의 법률 조항에 따르면 폭력이 일회성이든 지속적이든 심하게 때린다든지 큰 액수의 돈을 빼앗는 경우처럼 폭력의 정도가 큰 것은 당연히 학교폭력에 해당된다. 그뿐 아니다. 은근히 따돌리거나 문자로 협박을 하는 행위, 놀리는 행위 등 표면적으로는 수위가 약해 보이는 일들도 학교폭력이 될 수 있다.

학교폭력에 대해서 가해 아이와 피해 아이의 생각에 차이가 있듯이 교사와 학생의 생각, 부모와 아이의 생각에도 차이가 있다. 또 다른 실태조사 결과에 따르면 피해 아이의 과반 이상이 '학교폭력이 해결되지 않았다'고 응답했다. 어른들은 중재나 절차를 거쳐 해결되었다고 믿을 때도 아이들이 체감하는 고통은 여전히 진행 중이라는 뜻이다. 학교폭력의 심각성에 대해 교사와 학생의 인식이 다름을 보여 주는 방증이다. 현장에 있는 교사의 인식이 아이들과 차이를 보인다면 일반인의 경우는 어떠할까?

흔히 부모 세대들은 "아이들은 원래 싸우면서 큰다"라는 말을 자주 하지만 요즘 세대에는 맞지 않는다. 이것은 부모 세대가 살아온 공동체 문화가 존재하던 시절에 해당하는 이야기이다. 예전에는 아이들이 싸우고 있으면 지나가던 어른들이 말릴 수도 있고, 싸우고 나서도 금방 화해하며 더 깊은 우정을 나눌 수 있었다. 요즘은 그렇지 않다. 누구도 아이들의 싸움을 말리거나, 중재하려고 하지 않는다는 것을 아이들도 잘 알고 있다. 사실, 아이들은 싸우면서 크는 것이 아니라 싸우면서 치유하기 힘든 상처를 받는다는 사실을 알아야 한다.

'지나고 나면 다 별일 아니야'라는 생각도 위험하다. 어른이 되면 다 잊게 된다고 생각하 지만, 학교폭력을 경험한 아이는 그 아픔을 오래도록 기억한다. 성인이 되어 잘 살고 있는 것처럼 보이지만, 단지 학교폭력 경험을 말하지 않을 뿐이다.

피해 경험은 외상 후 스트레스 장애를 남길 수 있다. 외상 후 스트레스 장애로 인해 학교폭력 상황이 생각나면 다른 생각으로 전환하거나 집중을 할 수 없게 된다. 긴장이나 불안반응으로 인해 잠을 잘 못 이루거나, 악몽에 시달리거나, 몸이 아픈 증상 등이 나타난다. 심하면 자살 징후까지 보이기도 한다.

'아이들 싸움은 아이들끼리 해결해야 한다'는 인식도 문제가 있다. 일반적으로 아이들 간의 '싸움'은 양쪽이 가지고 있는 힘의 균형이 어느 정도 비슷할 때 성립된다. 즉 덩치나 반에서의 서열 등이 서로 비슷할 때 싸움이 이루어진다고 볼 수 있다. 그러나 실제로 학교에서 일어나는 학교폭력에서는 피해자와 가해자 간의 '힘의 불균형'이 존재한다. 누가 봐도 힘이 센 아이가 반에서 약한 아이에게 폭력을 휘둘렀다면 이는 싸움이 아니라 '폭행'에 해당한다. 즉 힘이 약한 아이들이 당할 수밖에 없는 구조이기 때문에 어른들이 나서서 도움을 주어야 하는 것이다.

스스로 갈등을 해결하는 '자기 방어' 대화법

민정이는 같이 다니던 친구들이 어느 날부터 자신을 없는 존재처럼 여기는 것을 느꼈다. 어제까지 함께 밥 먹고 수다 떨던 친구인데 자신이 다가가 말을 걸면 웃으며 자리를 피하고, 하굣길에도 자신을 피하거나 째려보며, 일부러 자신의 물건을 가져가기도 했다. 그 중심에는 그룹의 리더 격인 윤지가 있었다. 며칠을 고민하다가 윤지에게 다가가 왜 자기한테 그러느냐고 물었더니 황당한 답이 돌아왔다. "네가 당황하면서 쩔쩔매는 게 재밌어서" 민정이는 모범생이고 얼굴도 예쁜 윤지가 자신을 놀리면서 즐거워한다는 사실에 큰 충격을 받았다.

우리나라의 아이들은 공부 스트레스가 극심하다. 학교에서도 공부, 학원에서도 공부, 집에서도 공부. 공부 말고는 할 수 있는 일이 별로 없고, 스트레스를 풀 곳도 풀 방법도 많지 않다. 그러다 보니 일부 아이들은 다른 아이들을 놀리고 괴롭히는 것으로 자신의 스트레스를 풀려고 한다.

대처 전략 ❶

무시하기

놀림의 대상이 되었을 때 처음 할 수 있는 방법은 바로 '무시하기'다. 가해 아이들은 대부분 자신의 괴롭힘에 대해 상대방이 보이는 반응 때문에 계속하는 경우가 많다. 그러므로 화가 나더라도 가해 아이가 괴롭힐 때 일단 무시하는 방법을 쓰도록 하자. 그 아이의 말에 대꾸하지 않고, 반응을 보이지도 않는 것이다. 몇 마디 말에 발끈해 감정적으로 대응하는 일이야말로 가해 아이가 노리는 것이므로 침착하게 반응하게 한다. 이때는 행동으로만 무시하는 태도를 보이지 말고, 마음속으로도 상대 아이를 대수롭지 않게 생각해야 한다.

반응을 보이지 않아도 계속 놀라거나 괴롭힌다면 놀림을 유머로 받아치는 것도 한 가지 방법이다. 과거 개그콘서트의 '네 가지'에 나오는 캐릭터들처럼 자신의 약점을 유머로 승화시키는 것이다. 아이들이 뚱뚱하다고 놀린다면 개그맨 김준현처럼 "그래, 나 뚱뚱하다. 뚱뚱하다고 무시하지 마라" 하고 당당하게 이야기하는 식이다. 이런 방식은 심리학적으로 보았을 때 가해 아이의 놀림에 상처를 받지 않는다는 뜻을 전달하는 데 효과적이다.

당당하게 말하기

이 시기의 아이들은 또래에게서 인정받는 것을 최고의 영광으로 여긴다. 그런 만큼 아이들은 따돌림 문제에 대해 성인보다 훨씬 예민하고 힘들어한다. 원래 나약하지 않던 성격의 아이도 집단 따돌림 앞에서는 한없이 약해진다. 그런데 불행하게도 가해 아이들은 바로 이 모습을 즐긴다. 피해 아이가 상처받고 괴로워할수록 자신들이 강해지고 권력이 생긴 것으로 여기기 때문이다.

그러므로 이런 행위를 멈추게 하려면 가해 아이들 앞에서 울거나 약한 모습을 보이지 말아야 한다. 부모의 경우 아이가 놀림을 당하고 왔을 때 자녀에게 구체적으로 어떤 아이들이 어떻게 놀렸는지 물어보고, 이에 어떻게 반응할지도 직접 연습해 보는 것이 좋다.

무시하기에 실패했다면 "하지 마"하고 강하게 의사 표현을 하도록 가르친다. 가해 행동에 대해 자신이 어떻게 행동할 것인지 정확히 전달하는 것이다. 이때 당당한 자세와 강한 어조, 특히 강한 눈빛으로 이야기해야 한다.

"네가 자꾸 나를 괴롭히면 선생님(혹은 부모님이나 전문 기관)께 알릴 거야. 네가 지금 하는 행동은 법적으로 처벌을 받을 수 있어."

만약 가해 아이가 힘이 세거나 반에서 인기가 많은 아이라면 피해를 입은 아이가 그 아이의 눈을 바라보며 큰 목소리로 이야기하는 것이 힘들 수도 있다. 주눅 든 모습이나 떨리는 목소리, 울면서 이야기하는 것은 오히려 괴롭힘의 빌미를 제공한다. 내성적이고 마음이 약한 아이라면 집에서 부모와 연습을 해 보는 것도 좋다. "이런 것까지 연습해야 하나요?" 하는 부모도 있겠지만, 자기방어가 힘든 아이라면 연습을 시키고 체크해 보는 것도 중요하다.

강한 의사 표현은 생각보다 효과가 있다. 가해 아이들에게는 자신을 공격할 수 없을 것으로 예상되는 대상을 표적으로 삼는 경향이 있어서 당하는 아이가 자신의 눈을 보고 단호하게 "하지 마"라고 이야기하면 보통은 그 자체만으로도 한발 뒤로 물러서게 된다. 이때 사람이 없는 곳에서 가해 아이들을 혼자 대하지 말고 사람이 많은 곳, 혹은 친구들이 모여 있는 곳으로 자리를 이동하는 것이 좋다. 괴롭히는 아이들은 자기가 수적으로 밀리는 것을 싫어하기 때문에 여러 사람이 있는 곳을 기피하는 특성이 있다.

대처 전략 ❸

원인 찾아 해결하기

따돌림이나 학교폭력 초기일 때는 가해 아이가 괴롭히는 이유를 찾아내면 의외로 해결이 쉬울 수도 있다. 아이들 사이에서는 '옷차림이 공주 같다', '성적 자랑을 한다', '수업 시간에 자꾸 질문을 한다', '다른 친구가 말할 때 말꼬리를 잡는다', '코를 후비는 것 같은 지저분한 행동을 한다' 등 사소한 버릇이 따돌림의 이유가 되기도 한다. 이럴 때는 그 행동을 고치면 따돌림에서 벗어날 수 있는 경우도 있다.

따돌림당하는 아이들의 상당수가 소극적이어서 그 이유를 알려고 하지 않는 경우가 많다. 피해 아이가 가해 아이에게 그 이유를 물어보기 힘들어한다면 부모나 교사가 아이의 행동을 살펴서 놀림거리의 소지를 찾고, 고치려는 노력도 필요하다.

"애들이 나보고 찌질이래." 은주 씨는 아들이 집에 돌아와 하는 말에 가슴이 무너졌다. 왜 그런 별명이 붙었냐고 물었더니, 수업 시간에 자꾸 질문을 해서 그런 것 같다고 했다. 처음에 이 별명을 붙인 아이들이 다른 반 친구들한테도 말하고 다녀서 이제는 다른 반 아이들까지 그렇게 부른다고 했다. 은주 씨는 일단 그런 별명을 지어 부르기 시작한 아이가 누구인지부터 물었다. 기가 죽은 아들에게는 수업 시간에는 당연히 질문을 할 수 있으며, 자신이 잘못한 것이 아니라고 그 소문을 낸 아이에게 당당하게 이야기하라고 일렀다.

아이들 사이에 흔한 놀림으로 된 소문이라도 아이가 힘들어한다면 어떻게 루머가 시작되었는지 밝혀내야 한다. 해결책은 소문을 처음 퍼뜨린 아이를 알아내 담임교사와 가해 아이의 부모에게 도움을 청하는 것이다. 아이가 잘못된 소문으로 얼마나 괴로워하고 있는지와 소문이 사실이 아니라는 것 등을 잘 설명해서 소문을 퍼뜨린 아이를 훈계할 수 있도록 하는 것이 가장 좋다. 아이들 문제에 부모가 감정적으로 개입하면 아이의 입장이 더 난처해질 수도 있으므로 소문을 퍼뜨리는 아이를 직접 만나기보다는 주변에 도움을 줄 수 있는 어른들을 만나 해결 방법을 논의하도록 한다.

아이나 어른 모두 아무리 경미한 따돌림 문제라 해도 한 번에 상황이 쉽게 해결되지 않는다는 것을 알고 있어야 한다. 이런 유형의 문제는 다양한 상황에서 다른 모습으로 나타나므로 앞서 말한 세 가지 방법을 적절하게 사용하는 것이 좋다. 이 방법들을 모두 사용해 보았지만 괴롭힘이 계속되고 신체적 폭력까지 당한다면 이제는 어른들이 개입해야 한다. 아이들에게 스스로의 노력으로 안 되면 어른에게 도움을 요청하라고 미리 주지시키고 세심하게 관찰해야 개입 시기를 놓치지 않을 수 있다.

아이 문제에 어른의 개입이 필요한 순간

1단계

담임교사에게 알리기

만약 아이가 겪는 관계의 갈등이 초기 대응법으로 해결할 수 없는 수위라고 판단되면 먼저 담임교사에게 알려야 한다. 담임교사만큼 아이들 관계에 대해 잘 아는 사람은 없다. 교사는 아이들과 많은 시간을 보내기 때문에 조금만 관심을 기울이면 아이들 사이의 관계를 금방 파악할 수 있고, 그에 따라 적절한 해결책도 내놓을 수 있다.

피해 아이 부모들 중에는 교사를 제쳐 놓고 가해 아이 부모부터 직접 만나 해결 보려 하는 경우도 꽤 되는데 이는 문제를 더 키울 뿐이다. 팔은 안으로 굽는다. 가해 아이 부모 역시 자기 자식의 입장에서 감정적으로 대응할 가능성이 크다. 따라서 설사 가해 아이 부모를 만나더라도 제3자이면서 권위를 지닌 담임교사 입회하에 만나야 하고, 담임교사에게 중재를 요청해야 한다. 어떤 피해 아이 부모는 겁이 난다고 해서 주변에 힘 있는 지인을 동반하는 경우가 있는데, 당사자가 아닌 사람이 개입하면 문제가 생각지도 못한 방향으로 확대될 수도 있다.

진석이 엄마는 학교에서 한 아이가 자신을 때린다는 진석이의 호소에 담임교사를 찾아갔다. 담임교사는 그렇지 않아도 사실을 알고 있었다며, 믿고 기다려 달라고 했다. 진석이 엄마는 우선 교사를 믿고 기다려 보기로 했다. 담임교사는 먼저 때리고 괴롭힌 아이를 불러서 반성문을 쓰도록 했는데, 반성문을 쓰기 전에 때린 아이의 부모와 통화를 했다. 가해 아이의 부모는 다행히 자식의 잘못을 인정하고 아이가 잘못을 고치기를 원했으며 교사를 믿고 전적으로 맡기겠다고 했다. 교사는 "네가 진석이를 때릴 때 목격자가 많이 있었어. 네가 힘이 세기 때문에 반 아이들이 겉으로는 말은 못하지만, 네가 진석이를 때린 걸 비겁한 행동이라고 생각해"라고 말하자 아이는 안색이 바뀌었다. 한편 담임교사는 그 아이를 칭찬하기도 했다. "축구할 때 너 없으면 우리 반 절대 못 이기잖아. 친구들이 너 '축구 신'이라고 이야기하는 거 알지? 네가 친구들 괴롭히는 대신, 그 힘을 축구에 쏟으면 손흥민 안 부럽게 성공할 수 있을 거야." 교사의 말에 가해 아이는 진심으로 반성문을 썼고, 공개적으로 진석이에게 편지를 읽어 주었다. 진석이는 반 아이들 앞에서 읽어 준 사과 편지 덕분에 마음의 응어리를 풀 수 있었다.

이렇듯 교사가 잘 개입하면 학교폭력 문제는 의외로 원만히 해결될 수 있다. 이 사례에서 교사는 아이들이 또래 아이들의 평가에 상당히 예민하다는 점을 전략적으로 잘 활용해 반 아이들의 평가를 전달하고, 동시에 칭찬을 통해 가해 아이의 자존심도 세워 주고 있다. 이런 전략을 효과적으로 쓸 수 있는 사람은 담임교사뿐이다.

초등학교 저학년 아이가 괴롭힘을 당하면 부모가 초기부터 도움을 주어도 괜찮다. '너무 극성맞은 엄마로 보이면 어쩌나?' 하며 망설이면 오히려 일을 더 크게 키울 수도 있다. 아직 어린 아이들이기 때문에 피해 아이 엄마가 가해 아이를 직접 만나서 이야기만 해도 효과를 볼 수 있다. 아이와 이야기할 때는 어른스럽고 부드럽지만 단호한 모습을 보여야 한다. "네가 우리 아이 괴롭히는 ○○이니? 우리 아이가 싫다고 하는데도 왜 계속 괴롭히니?" 그러면 가해 아이가 "그냥 장난인데요"라고 말할지도 모른다. 이럴 때는 아이의 눈을 쳐다보고, 화내는 어투가 아닌 진지한 어투로 말해야 한다. "장난은 서로 기분이 좋은 게 장난이야. 우리 아이는 네가 그렇게 행동해서 무척 괴로워해. 지금까지 네가 우리 아이 괴롭혔던 내용을 다 적어 놓았어. 지금 이 시간부터 네가 또 우리 아이를 괴롭히면 그때는 너희 부모님이나 선생님께 이 상황을 다 말할 거야. 학교에서 제일 높은 교장 선생님께도 말할 거야." 그 아이를 협박하는 것이 아니라, 앞으로 또 이런 일이 있으면 어떤 결과가 초래된다는 점을 명확히 알려 주어야 한다.

우리 아이와 사이좋게 놀라고 하면서 맛있는 것을 사 주거나 집에 초대해 억지로 어울리도록 하는 것, 혹은 아이를 협박하는 것처럼 보이는 행동은 절대 하지 말아야 할 방법이다.

2단계

증거 수집하기

괴롭힘의 정도가 심각하다면 담임교사에게 알림과 동시에 증거자료를 수집해야 한다. 우선 아이의 피해 상황을 육하원칙에 맞추어 정리하고, 사건에 대한 가능한 모든 증거자료를 모아야 한다. 아이가 당한 사건에 대해 본인이 직접 쓴 일기도 좋고, 학교폭력으로 마음의 상처를 받거나 상해를 입었다는 병원 소견서도 좋다. 증거를 수집할 때는 아이에게 반에서 자신을 도와줄 친구가 있는지 물어보아야 한다. 한 명이라도 피해 아이를 도와줄 친구가 있다면 큰 힘이 될 것이다.

증거가 반드시 필요한 이유는 가해 아이 측에서 사실을 부인하거나 사건을 축소하려고 할 가능성이 크기 때문이다. 가해 아이의 부모는 자기 아이의 잘못을 인정하면 학교에서 범죄자로 낙인찍힐 수 있다고 생각하기 때문에 필사적으로 부인하기 쉽다. 이럴 때 증거자료는 '사실'이 무엇인지 정확하게 알려 준다. 증거자료가 확실하면 교사와 가해 아이 부모가 폭력을 인정하고 피해 사실을 받아들여 사과와 재발 방지 약속 등을 받기가 쉬워진다.

3단계
사과와 보상 요구하기

피해 사실을 밝혀냈다면 요구 사항을 명확히 전달할 차례다. 다시는 이런 일이 일어나지 않도록 재발 방지 약속을 받아 내야 하며, 아이의 자존심 회복을 위해서 가해 아이의 공개 사과도 받아야 한다. 공개 사과는 교사와 가해 아이 부모, 피해 아이 부모 모두의 앞에서 진지하게 이루어져야 한다. 교사

앞에서 사과하고 나면, 잘못한 아이도 자신의 행동을 되돌아볼 수밖에 없다. 교사 앞에서 공개 사과를 하는 것과 부모만 있는 곳에서 사과하는 것은 전혀 다른 양상을 띤다.

만약 아이가 심하게 폭행당해 치료비를 받아야 한다면 당연히 치료비도 요구해야 한다. 전문가의 평가와 진단에 따라서는 신체적 치료뿐 아니라 심리 치료도 필요할 수 있다. 다만 민감한 부분인 만큼 만나자마자 돈 이야기부터 하는 것은 좋지 않다. 가해 아이 부모 중에는 치료비 이야기를 하면 "이참에 한몫 보려고 하느냐"라며 문제의 방향을 다른 쪽으로 틀려고 하는 경우도 있다. 다행히 최근에는 가해 아이 부모와의 협의가 원만치 않을 경우 학교가 중재자로 나서서 피해 아이에게 먼저 치료비를 지급하고 나중에 가해 아이 부모에게서 받도록 하는 법안도 통과되어 치료비를 둘러싼 어려움이 줄었다.

'좋은 게 좋은 것'이라는 식으로 넘어가면 가해 아이는 자신이 한 잘못에 대해 책임을 지지 않게 되며 오히려 분풀이로 또 다른 잘못을 저지르게 된다. 잘못을 하면 그에 따른 책임을 지도록 하는 것도 교육이다.

내 아이가 피해를 입었을 때 부모는 자신도 모르게 '당한 만큼 똑같이 갚아 주겠다'는 생각이 들 수 있다. 그렇다고 흥분된 상태에서 가해 아이에게 달려가 똑같이 폭력으로 대응하겠다고 으름장을 놓거나 욕설을 하고 혼을 내는 일은 피해야 한다. 괴롭힘을 당했음에도 아이가 부모에게 말하지 못하는 이유 중 하나가 바로 이런 점 때문이라는 것을 명심하자.

지혁이 아버지는 중학교 1학년인 아들이 학교에서 폭력을 당했다는 사실을 알고 수업 중인 교실에 찾아갔다. 담임교사를 만나지도 않고, 바로 교실로 찾아가 폭력을 휘두른 아이들을 복도로 불러내 많은 아이들 앞에서 바로 다짜고짜 무릎을 꿇고 사과하라고 아이들을 윽박질렀다. 아이들이 강하게 반발하자 지혁이 아버지는 순간적으로 화를 참지 못하고 아이들을 때렸다. 이 일이 있은 후부터 아이들은 지혁이를 더 교묘히 괴롭혔고, 지혁이 아버지는 결국 가해 아이들 부모에게 그 일을 사과해야만 했다.

이는 문제를 해결하지도 못하고, 일만 크게 만들어 버린 사례이다. 많은 부모가 타이르거나 겁을 주면 가해 아이가 내 아이를 괴롭히지 못할 것이라고 생각하지만 가해 아이들은 이를 빌미로 삼아 피해 아이를 고자질쟁이, 마마보이로 낙인찍어 더욱 괴롭히곤 한다. 또한 지혁이 아버지 같은 행동은 성인이 학생을 폭행, 협박하는 경우로 법적 책임을 질 수도 있음을 잊지 말아야한다. 감정적으로 힘들더라도 절대 부모가 학교에서 난동을 부리는 식의 행동을 해서는 안 된다. 이는 사건 해결에 전혀 도움이 되지 않고, 아이에게 더 큰 상처를 남길 수 있다.

학교폭력 문제가 해결된 뒤에도 아이는 학교를 다녀야 하기에 문제를 해결할 때는 결과도 중요하지만 과정도 중요함을 잊지 말자. 협력을 요청한 교사에게는 반드시 예의 바르게 대해야 하며, 절차에 맞게 해결하려고 노력하는 모습을 보여 주어야 한다. 이것은 아이를 위한 교육의 일면이기도 하다. 어려운 실타래를 잘 풀어내는 부모의 모습을 본 아이는 이후에 자신의 인생에서 어떤 문제가 생기더라도 성숙하게 문제를 해결해 주었던 부모의 모습을 떠올리면서 자신도 그렇게 문제를 해결하려고 노력할 것이기 때문이다.

학교나 교사를 믿지 못하고 먼저 사법기관에 고발하는 것도 문제해결에는 도움이 되지 않는다. 이렇게 되면 학교에서는 더 이상 문제에 관여하지 않을 것이고, 사법기관은 아직 어린 학생이기에 경미하게 처벌할 공산이 크다. 경미한 처벌을 받은 가해 아이는 피해 아이를 더 괴롭히는 보복 폭행을 할 수도 있다. 어떠한 경우든 학교폭력 문제에서 사법기관은 최후의 보루로 남겨 두어야 한다.

행복을 지키는
최소한의 안전 매뉴얼

지금은 아니더라도, 만약 내 아이가 학교폭력에 휘말리는 일이 벌어진다면 어떻게 해야 할까? 이 질문에 미리 답을 가지고 있는 것만으로도 아이의 일상을 평온하고 행복하게 지켜줄 수 있는 최소한의 안전장치를 갖추게 되는 것이다.

친구 관계에서 일어날 수 있는 갈등으로부터 스스로를 지켜 내는 힘인 '사회성'을 길러 주는 것도 중요하지만, 아이의 내면적인 힘만으로는 감당하기 어려운 극단적인 갈등이나 부당한 폭력 앞에서는 제도적인 장치가 반드시 뒷받침되어야 한다.

예기치 못한 문제 앞에서도 부모가 중심을 잃지 않고 아이를 지켜줄 수 있는 구체적인 대응 매뉴얼을 준비해 두자. 부모가 감정에 휩쓸리거나 당황하지 않고 차분하게 대응하는 모습을 보여 주면, 아이에게는 그것만으로도 든든한 지지와 위로가 되며, 나아가 상처를 회복하고 일상의 행복을 지키는 큰 힘이 되어줄 것이다.

교육부에서 발표한 학교폭력 대처 단계

학교에서 갈등 상황이 발생했을 때, 아이를 제도적으로 보호하기 위한 절차와 흐름이다. 사안 인지부터 최종 심의에 이르기까지, 일련의 과정이 어떻게 진행되는지 전체적으로 파악해 두면, 만약의 상황에서도 당황하지 않고 아이에게 필요한 도움을 주는 데 참고가 될 것이다.

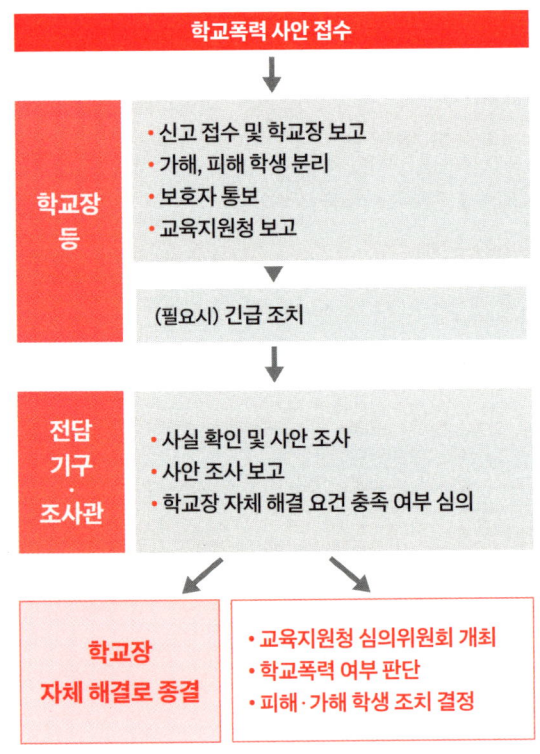

학교폭력 사안 접수

학교장 등
- 신고 접수 및 학교장 보고
- 가해, 피해 학생 분리
- 보호자 통보
- 교육지원청 보고

(필요시) 긴급 조치

전담 기구 · 조사관
- 사실 확인 및 사안 조사
- 사안 조사 보고
- 학교장 자체 해결 요건 충족 여부 심의

학교장 자체 해결로 종결

- 교육지원청 심의위원회 개최
- 학교폭력 여부 판단
- 피해 · 가해 학생 조치 결정

학교장 자체 해결로 종결되는 경우

- 피해 학생에게 가해 학생과 부모가 사과한다.
- 피해 학생은 학교 또는 교육청이 주관하는 '관계 회복 대화 모임'에 참여한다.
- 학교폭력 전담기구의 확인하에 재발 방지 및 보복 행위 금지를 약속한다.
- 가해 학생은 피해 학생의 치료 상담을 위한 비용을 지불한다.
- 가해 학생은 사회봉사를 하거나 치료 상담을 받는다.

교육지원청 심의 및 법적 절차로 가는 경우

- 교육지원청 심의위에서 징계 수위(1호~9호)를 결정한다.
- 심의위에서 내려진 조치를 학생부에 기록한다.
- 행정 절차와 별개로 법적 절차를 밟을 수 있다.
- 관할 경찰서에 학교폭력 내용을 고소한다.
- 경찰서 소년계에서 수사한다.

가해 아이의 유형별 대처 시나리오

❶ 모범생 유형

똑 부러지게 '싫다'라고 표현하라

준서는 학급 회장으로, 얼굴도 잘생기고 공부도 잘한다. 여자아이 남자아이 모두에게 인기가 있고, 교사들도 공부 잘하고 아이들을 잘 통솔하는 준서를 좋아한다. 부모도 전문직 종사자로 사회적으로 인정받고 있고, 경제력도 좋다. 이런 준서는 주로 자신의 권위에 도전하는 아이, 이른바 '나대는' 아이를 찍어서 괴롭힌다. 게다가 자신이 직접 나서는 것이 아니라 자신을 따르는 다른 친구들을 시켜서 괴롭힌다. 그러니 괴롭힘을 당하는 아이는 왜 자신이 괴롭힘을 당하는지도 모르는 경우가 많다. 친구가 당하는 모습을 본 다른 아이들은 준서의 말이라면 다 들어야 하는 것으로 생각하게 된다. 하지만 교묘하게 괴롭히기 때문에 담임교사의 눈에는 잘 띄지 않는다.

준서 같은 가해 아이는 학교에서 모범생이라고 인정받고 있기 때문에 문제가 생겨도 해결이 쉽지 않다. 이런 친구에게 사소한 문제로 따돌림당하고 있다면 우선 피해 아이가 직접 이야기해서 풀어 보도록 가르친다.

"네가 지금 이렇게 하는 것은 잘못된 행동이야. 나에게 사과하고 다시는 나를 괴롭히지 말아 줘."

이때는 강한 어조로 이야기해야 한다. 가해 아이와 친해지면 따돌림당하는 일이 적어질 거라는 생각에 '친하게 지내자'는 식으로 이야기해서는 안 된다. 가해 아이와 친해지려고 노력하는 것은 도움이 되지 않으며, 오히려 자기표현을 확실히 하고 가해아이와 상관없이 학교생활을 잘하는 모습을 보이면 괴롭힘이 줄어들 수 있다.

그런데도 괴롭힘이나 학교폭력이 계속된다면 아이가 괴롭힘을 당할 때마다 노트에 그 내용을 적게 한다. '5월 10일 3교시 쉬는 시간에 노려보며 욕을 함' 이런 식으로 적은 다음, 교사나 친구들에게 가해의 증거로 보여 주는 것이다. 부모와 교사에게 잘 보이려는 마음이 있는 모범생 가해 아이에게 효과 있는 방법이다.

❷ 은밀한 유형

아이에게 잘못이 없다면 무시하기로 대응하라

며칠 전에 주원 씨는 딸아이 방에서 나는 소리에 깜짝 놀랐다. 아이 방에서 쿵쿵 하는 소리가 나서 방문을 열어 봤더니, 딸아이가 책상에 머리를 찧고 있었다. 왜 그러냐고 물었더니 "가슴이 너무 답답하다"라고 말했다. 아이는 친구들이 자신을 따돌린다고 했다. 학교에 가면 하루 종일 말 한마디 하지 않고 멍하니 앉아 있다가 집에 돌아온다는 것이다. 친구들에게 먼저 말을 걸어 보라고 조언했지만, 아이는 도저히 말을 걸 수 없는 분위기라고 말했다.

얼마 전까지 친하게 잘 지내던 아이들이 갑자기 태도를 바꾸고 자신을 투명인간 취급을 하고, 친구에게 이야기하려고 다가가면 최소한의 대답만 하고 휘익 가 버린다고 한다. 며칠을 고민하다 "너희들 나한테 왜 그래? 내가 뭐 잘못했어?"라고 조심스럽게 물으니 상냥하게 웃으며 "왜? 아무 일도 없는데"라는 싸늘한 대답만 돌아왔다고 했다. 또다시 물었더니 "너랑 우리는 스타일이 많이 다른 것 같아"라고 말했다고 했다.

아이가 이런 상황이라면 대놓고 괴롭히지는 않지만 은근히 무시하거나 소외시키는 따돌림을 당하고 있다고 볼 수 있다. 공부를 잘하거나, 너무 예쁘거나, 독특한 취미가 있거나, 너무 소극적이거나, 너무 적극적이거나, 외모가 독특하다거나, 자기 이야기만 한다거나 등 따돌림의 이유는 다양하다. 이런 행위를 주도하는 아이들은 자신과 다른 점이 하나만 있어도 그룹을 형성해 은근히 따돌리는 경향이 있다. 분명히 할 점은 '은밀한 밀어내기'도 엄연한 폭력이라는 사실이다. 이런 일이 일어나기 전에 나쁜 소문내기, 말 붙이지 않기, 공개적으로 무시하기 등도 폭력이라는 사실을 아이들에게 가르쳐야 한다.

따돌림을 당했을 때는 원인을 심층적으로 따져 보는 것부터 시작하자. 여자아이들의 은밀한 따돌림에서 벗어나려면 특히 질투심에 주목해야 한다. 남자아이들이 힘이나 권력을 과시하려고 친구를 따돌린다면, 여자아이들은 질투심 때문에 친구를 따돌리는 경향성이 보고되고 있다. 만약 피해 아이에게 잘못이 있었다면 진심으로 사과하고 해결할 수 있을 것이다. 그러나 특별한 잘못도 없는데 따돌림당한다면 '무시하기'와 '당당하게 대하기' 자세로 나가는 것이 좋다.

은밀하게 무시하고 소외시키는 아이들에게는 매달려 봐야 소용이 없다. 오히려 매달리면 매달릴수록 더 심해진다. 감정적으로 소리를 지르거나 울음으로 대응하는 것도 따돌림을 강화시킬 수 있다. 이럴 때일수록 침착하고 담담하게 대응하는 것이 중요하다. 담담하게 행동할 때는 보이는 모습뿐 아니라 마음속으로도 '이렇게 유치한 방식으로 친구를 따돌리는 너희 같은 아이들과는 놀지 않겠어'라고 결심해야 한다.

❸ 과거 피해자였던 유형

과거에는 피해자, 지금은 가해자가 된 아이에게는 두 가지 마음이 공존한다

수진이는 초등학교 5학년 내내 따돌림을 당해 친구가 없었다. 다른 친구들이 점심시간에 운동장에 나가서 놀 때도 혼자 교실에 남아 있거나, 도서실에 가서 책을 읽었다. 6학년이 된 수진이는 이번에는 따돌림을 당하면 안 된다는 생각에 소위 반에서 잘나가는 아이들과 잘 지내려고 노력했다. 특히 수진이네 반 여자아이들 중 실세인 민정이 말이라면 무엇이든 다 들어주기 위해 노력했다. 6학년에 들어 민정이는 반에서 유난히 멋을 내고 까부는 유진이를 따돌리며 괴롭히고 있었다. 수진이는 민정이가 시키는 대로 유진이의 필통을 엎는다든지, 유진이에게 심한 말을 하는 것을 도맡아 하게 되었다. 수진이는 유진이에게 한편으로 미안한 마음도 들었지만, 유진이가 따돌림당하는 것에 이상한 안도감을 느꼈다. 유진이 덕분에 자신은 따돌림당할 위험이 없다고 생각했기 때문이다.

과거 피해자였던 아이가 가해자로 변한 경우다. 이런 상황이 일어난다면 우선 1차 피해 아이(수진이)에게 가해 행동을 시킨 데 대해서 가해 아이(민정이)와 부모에게 사과를 받도록 해야 한다. 여기서 그치지 말고 수진이에게 "너도 예전에 따돌림당해서 괴로웠잖니? 그때 마음이 좋지 않았지?" 등의 질문으로 2차 피해 아이(유진이)에게 진심으로 사과하도록 유도해야 한다.

이런 아이들에게는 반드시 정신의학적 상담도 필요하다. 과거에는 피해자였지만 지금은 가해자가 된 아이의 마음속에는 미안함과 죄책감이 공존하는 경우가 꽤 많다. 자신도 전에 그런 일을 겪었기 때문에 피해 아이의 마음도 이해하고 있는 것이다. 이 경우 부모와 교사, 그리고 전문 상담가와 연대해서 예전에 풀지 못한 마음의 응어리를 온전히 풀어 주어야 한다. 특히 대화를 통해서 자신의 힘들었던 과거를 함께 이야기 나누는 시간을 갖는 것이 매우 중요하다. 이 유형의 가해 아이는 상담만 잘 이루어져도 다시는 다른 친구를 따돌리거나 괴롭히지 않게 된다.

타협 없는 엄벌이 필요하다

진영이는 학교 실세가 되는 게 꿈인 중학교 2학년생으로, 소위 '잘나가는' 무리 옆에 붙어 다니면서 거친 행동을 일삼는다. 진영이는 자신이 거친 행동을 할 때 친구들이 자신 앞에서 벌벌 떨면서 슬금슬금 눈치를 볼 때 쾌감을 느낀다. 공부도 못하고 친구들을 괴롭히는 행동을 하기 때문에 선생님에게 인정을 못 받지만, 아이들을 괴롭혀서 굴복시키는 그 순간에는 1등이 부럽지 않다. 선생님이 자신을 바꾸기 위해서 상담을 하고 맛있는 것을 사 주기도 했지만 달라질 생각은 없다. 친구들을 잔인하게 괴롭히고, 돈을 뺏고, 담배를 피우고, 폭행을 하는 게 재미있다.

이런 유형의 아이에게 내 아이가 괴롭힘을 당했을 때, 부모는 어떻게 대처해야 할지 두렵고 막막하다. 또래 친구끼리의 싸움이라고 치부하기에는 피해의 정도가 잔인하고 심하기 때문이다. 가해 아이가 이런 가해를 반복해서 즐기는 가학적인 아이라면 잘못에 대해 엄한 처벌을 받도록 해야 한다. 그리고 철저하게 잘못을 인정하게 만들어야 한다.

먼저 피해 사실을 학교 및 권위적인 기관 즉, 경찰 및 사법기관에 정확히 알릴 수 있도록 증거를 수집한다. 수집된 자료를 잘 정리해 교사와 가해 아이 부모에게 제시해서 심각성을 정확히 전달해야 한다. 이때 가해 아이 부모와 적당한 타협을 해서는 안 된다. 가해 아이 부모가 "같이 아이 키우는 입장이니 선처해 달라"라고 하더라도 흔들려서는 안 된다. 이런 아이들은 적당히 문제만 해결되면 보복할 가능성도 크다. '이 정도 잘못은 적당히 사과하는 척하면 넘어갈 수 있구나' 하는 생각에 같은 행동을 반복한다.

가해를 반복하는 아이는 커서 반사회적인 행동을 하게 될 공산도 있다. 뇌 발달 면에서도 공감력과 행동 조절을 담당하는 부위가 미성숙해 품행장애 등의 진단을 받을 가능성이 높으므로, 정신과 상담과 약물 치료를 받을 수 있도록 하는 것이 좋다. 물론 이런 치료 과정은 가해 아이의 부모가 준비하고 시행하여야 한다.

✹ ── 중재하는 어른들을 위한
⊗ ── 대화 기술

        피해 아이 부모가 가해 아이 부모를 직접 만나는 것은 녹록한 일이 아니다. 양쪽 모두 일단은 자기 아이의 입장을 대변할 수밖에 없기 때문에 대화가 원만하게 진행되지 않는다. 실제 서로 감정이 앞서 아이 싸움이 어른 싸움으로 번지는 경우가 대부분이기도 하다. 특히 반복적으로 가해하는 아이라면 그 부모들 중 상당수가 아이 양육에 관심이 없거나 '애들이 싸우면서 크는 거지'라고 나올 가능성이 높다.

        영수는 또래에 비해 키가 작고 왜소하다. 영수는 같은 반 재우가 '꼬마', ' 난쟁이 똥자루'라고 부르고 놀려서 하지 말라고 했는데도 계속 놀리자 재우를 가볍게 밀쳤다. 그러자 덩치가 큰 재우가 안경을 끼고 있는 영수의 얼굴을 집중적으로 때렸다. 안경이 부서지고, 얼굴이 찢어지고 코피가 나서 멈추질 않는데도 계속 얼굴을 때렸다.

집에 돌아온 영수의 얼굴은 피범벅이 되어 있었고 이빨도 부러졌다. 정형외과에 가서 이마를 여덟 바늘이나 꿰맸다. 너무 화가 난 영수 엄마가 영수에게 "넌 왜 가만히 당하고만 있었니?"라고 하자 영수는 "재우는 나보다 키가 10센티미터나 크고, 반에서 주먹도 제일 센 아이라서 맞고 있을 수밖에 없었다"라고 했다. 영수 엄마가 아이와 이야기해 본 결과 재우는 평소에도 끊임없이 영수를 약 올리고 툭툭 건드렸다고 했다.

당일 저녁 영수네 집에 재우의 부모가 전화해서 치료비가 얼마나 나왔냐며 치료비는 자신이 지불하겠다고 했다. 그런데 시시비비는 가리자며, "우리 재우 말이 영수가 먼저 자신을 밀쳤다"라고 한다며 오히려 큰소리를 쳤다. 워낙 평소에 조용하고 다른 아이를 괴롭히지 않는 영수이니, 영수 엄마는 이런 일이 처음이었다. 그런데 가해한 재우의 부모가 자기 아이는 가해자가 아니라며 뻔뻔히 나오자 너무 화가 났다. 영수 엄마는 재우의 부모를 만나는 게 겁이 나고 어떻게 대처해야 할지 난감하기만 하다.

자기 아이 편만 들면서 뻔뻔하게 나오는 가해 아이의 부모가 의외로 많다. 자기 아이가 범죄자로, 혹은 선생님이나 친구들에게 문제아로 낙인찍힐까 봐 두려워하는 마음 때문에 일단 폭력 사실을 강하게 부인한다. 자기 아이가 이 일을 계기로 기가 죽고 또 다른 따돌림의 대상이 될 수 있다는 두려움도 클 것이다.

물론 내 아이가 피해를 입은 상황에서 가해 아이 부모의 마음까지 헤아리기는 쉽지 않다. 하지만 문제를 해결하기 위해서는 가해 아이 부모의 마음도 이해할 필요가 있다. 그러므로 피해 아이 부모는 가해 아이 부모를 만날 때 감정에 치우쳐 가해 아이 부모를 무조건 죄인 취급하지 말아야 한다. 피해 상황을 확실히 파악해 가해 아이가 잘못된 행동을 하고 있음을 정확히 전달하는 것이 중요하지, 부모의 억울한 감정을 전달하고 가해 아이의 부모를 비난하는 것은 역효과만 날 뿐이다. 감정적으로 격해지면 문제해결은 되지 않고 '내 새끼'만 보호하려는 극단적 대립만 생길 뿐이다. 가해 아이를 범죄자 취급하지 말고 가해 아이의 미래를 위해서도 이런 행동을 함께 막자며 긍정적인 방향으로 이야기를 이끌어야 한다. 잘못한 부분에 대해서만 정확히 사과받고, 다시는 이런 일이 일어나지 않도록 하는 것이 목적이기 때문이다.

또한, 수차례 강조했듯 따돌림이나 학교폭력 문제를 해결하는 데는 부모와 담임교사의 공조가 필수적이다. 부모와 교사가 상담을 잘하려면 우선 서로의 입장도 헤아려 볼 필요가 있다. 교사의 입장은 '피해 학생도 내 학생이지만 가해 학생도 내 학생이다'가 될 수밖에 없어서 부모들이 생각하는 대로 이야기가 진행되지만은 않는다.

교사에게 내 아이의 단점에 대해 이야기하면 내 아이에 대해 선입견을 갖게 할 수 있고, 내 아이의 장점을 부각시켜 이야기하면 부모가 아이를 과잉보호하는 것으로 비칠 수 있다. 또 힘들고 억울한 입장을 감정적으로 하소연하는 것 역시 큰 효과를 발휘하지 못한다. 부모가 교사와 상담할 때는 교사에 대한 믿음을 바탕으로 내 아이에 대한 이야기를 객관적으로 전하고, 해결책을 모색해 보겠다는 마음가짐을 가져야 한다.

증거 확보는 중립적인 교사를 내 편으로 만들 수 있는 중요한 전략이다. 피해 아이 측이라면 병원 소견서, 멍 자국을 찍은 사진, 목격한 친구들의 증언, 피해 일지 등이 좋은 증거가 된다. 이때 증거 자료는 날짜까지 꼼꼼히 기재하고, 당시 피해 아이의 감정까지 적으면 더욱 좋다. 이런 기록들은 교사는 물론 가해 아이와 그 부모의 마음까지 움직이게 만든다.

교사와 상담을 할 때 부모가 주의할 점은 감정을 너무 드러내지 않아야 한다는 것이다. 아이의 따돌림이나 괴롭힘 사실을 들었을 때 감정을 억제하지 못하고 교사에게 다짜고짜 전화하는 일은 피해야 한다. 시시비비를 가리려고 "우리 아이가 이러이러 하다 말하던데요. 우리 아이는 그럴 아이가 아닙니다"라는 접근 은 금물이다. 뜬금없이 전화를 받은 선생님은 공격적인 학부모 의 전화에 반감을 갖게 된다. 좋은 이야기는 전화로 해도 되지 만, 안 좋은 일일 때는 잠깐이라도 얼굴을 맞대고 이야기를 나눠 야 오해의 소지가 줄어든다. 확인이 필요하거나 시비를 가려야 한다면 미리 약속 시간을 잡고 잠깐이라도 얼굴을 맞대고 최대 한 예의를 갖추어서 이야기를 나눠야 한다.

학교폭력 문제해결에 다소 소극적인 교사도 있을 수 있다. 이 런 교사라면 아이들의 관계에 별 관심이 없고, 상황 파악도 잘 안 되니 많은 도움을 기대하기 어려운 것도 사실이다. 이때 부모 가 나서 '교육자가 어떻게 저렇게 적극적으로 문제를 해결하려 하지 않느냐'며 일반론을 들이대면 더 관계가 악화된다. 만약 교 사가 사려 깊지 못한 판단을 할 것 같거나, 아이들과의 비밀이나 약속을 대수롭지 않게 깬다거나, 아이들과의 소통이 어려운 스 타일이라고 판단된다면 부탁을 구체적으로 하는 것이 좋다. 예 를 들어 아이가 괴롭힘을 당하고 있다면 "선생님께서 개입해서 해결해 주세요" 하는 것보다 "우리 아이가 괴롭힘을 당하는 것 같은데 정말 그런지 지켜봐 주세요"라고 부탁해 보자.

선생님이 문제를 해결해 줄 수 없을 것 같다는 판단이 들더라도 부모와 교사의 공조는 반드시 필요하다. 학교폭력 문제에서 교사라는 한 축을 제외하면 절대 근본적인 해결이 되지 않기 때문이다. 기본적으로 학교에서는 담임교사가 부모 대신이라고 생각하면서 대회를 풀어 나가야 한다. 그러나 어떤 노력을 해도 담임교사와 대화가 잘 진행되지 않는다면 교장/교감 선생님이나 상담교사의 지원하에 문제를 해결하는 방식을 생각해 볼 수 있다.

상처를 치유하고
회복력을 기르는 방법

외상 후 스트레스 장애부터
극복하자

학교폭력 문제가 해결되어도 학교폭력을 겪은 아이는 '외상 후 스트레스 장애'에 시달리는 경우가 많다. '외상 후 스트레스 장애'란 심각한 위협을 느끼는 상황과 같은 사건을 경험하거나 목격한 후에 나타나는 불안 장애다. 예를 들어 친구에게 따돌림당했던 장면이 계속 떠오르거나 친구에게 괴롭힘을 당하는 꿈을 자주 꾸기 때문에 늘 긴장하게 되고, 또다시 학교폭력을 당할 수 있다는 불안감을 느낀다. 불안하다 보니 다른 일에도 의욕이 생기지 않고 무기력해 공부에 집중할 수가 없고, 학교 생활도 활기차게 하지 못한다. 잠을 잘 자지 못하고, 자더라도 악몽에 자주 시달리니 몸도 점점 약해진다.

학교폭력을 겪은 후 부모와 교사는 이제 문제가 해결되었으니 끝이라는 생각을 하지만 아이들은 오랫동안 후유증을 겪는 경우가 많다. 그래서 더욱더 세심한 배려가 필요하다. 세심한 배려란 아이가 다시는 학교폭력을 당하지 않도록 보호하는 것뿐 아니라, 다시 학교폭력을 겪더라도 이겨 낼 수 있도록 내면의 힘을 키우는 것이다.

마음의 상처를 극복하려면 충분한 시간과 다각도의 문제해결 방법이 필요하다. 단순히 정신과 상담만을 의미하는 것이 아니다. 담임교사에게 도움을 요청해 아이에게 우호적인 반 분위기를 만들어야 하고, 아이가 학교폭력 후유증을 극복할 수 있는 다양한 프로그램을 찾아야 한다. 이때 부모는 아이를 과잉보호하지 않고 스스로 상처를 극복할 수 있도록 격려하고, 다시 친구들과 학교생활을 할 수 있도록 도와주어야 한다. 일회성이 아니라 몇 년이 되더라도 지속적으로 아이의 상처를 돌보아야 한다. 아이의 마음에 관심을 갖고 보살피다 보면 아이는 어느새 한층 성숙해질 것이다.

아이의 사회 기술에 대한 점검이 필요하다

힘든 학교폭력의 터널을 빠져나왔고, 아이의 마음도 어느 정도 안정이 되었다면 이제는 더 냉정해져야 한다. 아이가 학교폭력을 당한 것은 당연히 가해 아이의 잘못이지만, 부모의 입장에서는 냉정하게 내 아이의 어떤 점이 문제가 되었는지도 살펴볼 필요가 있다. 이번 일을 교훈 삼아 다시는 학교폭력을 당하지 말아야 하기 때문이다.

피해 아이들을 만나 보면 사회적 기술이 부족한 경우가 많다. '사회적 기술'이란 자신의 생각을 대상과 상황에 맞게 표현하고 긍정적인 의사소통을 함으로써 원만한 대인관계를 형성하는 능력이다. 사회적 기술이 높은 아이들은 친구의 생각과 기분을 생각하며 관계를 맺고, 상황에 따라 유연하게 대처하는 능력이 뛰어나다. 반면에 사회적 기술이 부족한 아이들은 대개 자신의 입장에서 친구들과 관계를 맺는 경향이 있다. 그러다 보니 친구들 사이에서 쉽게 고립될 수 있고, 친구 관계에 실패와 좌절을 경험하기도 한다.

사회적 기술은 부족한 점을 인정하고 배우려고 노력한다면 충분히 익힐 수 있다. 먼저 교사나 친구들에게 아이에 대해 물어보고 아이의 부족한 점을 알아내는 것이 중요하다.

첫 번째 할 일은 아무리 노력해도 변화시킬 수 없는 점은 있는 그대로 인정하게 하는 것이다. 예를 들어 가족, 얼굴, 피부색, 키와 같은 것들은 아무리 노력해도 바꿀 수 없다. 만약 친구들이 바꿀 수 없는 점을 가지고 놀리거나 괴롭힌다면 이를 가볍게 무시할 줄도 알아야 한다. 그런 부분을 놀리는 아이들에게 문제가 있음을 피해 아이에게 정확히 알려 주고, 있는 그대로를 인정하고 사랑하는 모습이 당당하고 멋진 것이라고 말해 주어야 한다.

이어서 두 번째 할 일은 변할 수 있는 부분을 고칠 수 있도록 돕는 것이다. 놀림이나 괴롭힘을 당한 지점 중에서 아이가 변할 수 있는 점에는 무엇이 있는지 알아본다. 예를 들어 친구들이 "너는 공부 잘한다고 너무 잘난 척해"라고 말하며 따돌렸다면, 잘난 척하는 부분을 고치려고 노력해 본다. 다른 친구들 앞에서 점수 자랑을 하거나, 아는 것을 장황하게 설명하지는 않았는지 이야기를 나눠 보고, 그런 부분을 고쳐 보도록 노력한다.

세 번째 해야 할 일은 아이의 장점을 키워 주는 것이다. 아이들이 "공부 잘한다고 잘난 척한다"라며 따돌리더라도 여전히 가지고 있는 장점은 변하지 않는다는 사실을 아이에게 알려 주자. '잘난 척하는 것'은 고쳐야 할 사회적 기술이지만, 공부를 잘한다는 것은 장점이며 그 장점은 중요한 것이라고 알려 준다. 아이가 어떤 상황에서도 자신에 대한 자신감을 잃지 않도록 돕기 위해서는 이렇게 장점에 대해서도 이야기해 주어야 한다.

네 번째는 갈등 초기 대처법을 연습해야 한다는 것이다. '무시하기', '당당하게 말하기', '원인을 찾아 해결하기' 등을 부모와 함께 연습함으로써 스스로 초기에 극복할 수 있는 능력을 길러줄 필요가 있다(220쪽 참조).

예체능으로 자존감을 회복하라

초등학교 6학년인 성철이는 따돌림으로 힘들었던 경험을 예체능 활동으로 치유했다. 성철이는 초등학교 4학년 때 집요한 따돌림을 당했다. 영어 학원에서 자신을 괴롭히던 친구가 있었는데, 같은 반이 되면서 학교에서도 집요하게 성철이를 괴롭혔다. 화장실 안에서 폭행하기, 교실에서 욕하며 모욕 주기 등이 1년 내내 지속되어 지옥 같은 학교생활을 보냈다. 성철이 엄마가 이 사실을 알고 가해 아이 부모를 만나 문제를 해결했지만, 성철이는 전과 다르게 소심하고 내성적으로 변해 갔다.

성철이 엄마는 고민 끝에 예술 교육과 생태 교육을 시키는 경기도의 작은 학교로 성철이를 전학시켰다. 미술 시간에는 숲속에서 그림을 그리며 자신의 생각을 표현했고, 악기를 배우고 운동도 열심히 하며 몸과 마음 근력을 키웠다. 성철이는 따돌림과 괴롭힘으로 틱 증상까지 보였는데, 전학 후 예전의 밝은 모습으로 돌아왔다. 아무리 치료받아도 사라지지 않던 틱 증상도 점진적으로 줄어들었다. 성철이는 다시 그런 일을 겪는다고 해도 이겨 낼 수 있을 것 같은 자신감을 갖게 되었다.

예체능 활동은 앞서 이야기한 대로 공감력과 자존감을 키우는 데 큰 도움이 될 뿐 아니라 다친 마음을 회복하는 데도 효과적이다. 활동 분야는 아이가 좋아하는 것을 선택하는 것이 좋다. 교육기관을 선택할 때도 기능 습득에 중심을 두기보다는 예체능 자체의 즐거움과 같은 취미를 가진 친구들이 모이는 교육기관을 알아보는 것이 현명하다. 자신이 좋아하는 예술을 즐기며 오감이 행복해지는 경험을 하면 아이의 마음도 단단해진다. 한 번 치유의 기쁨을 느낀 아이들은 비 온 뒤에 굳는 땅처럼 다시 힘든 일을 겪어도 이겨 낼 수 있는 내성이 생긴다.

부모의 양육 태도도 점검하자

학교폭력 문제해결 후에는 아이의 사회적 기술뿐 아니라 부모의 양육 태도를 돌아보는 과정도 필요하다. 아이가 학교폭력을 당한 이유가 꼭 부모의 양육 태도 때문이라는 말은 아니다. 다만 학교폭력을 계기로 부모의 양육 태도를 다시 한 번 점검해 보고, 아이 내면의 힘을 키우기 위해 부족한 점이 무엇이었는지 찾아보자는 의미이다.

먼저 아이를 너무 과잉보호한 것은 아닌지 살펴보자. 어렸을 때부터 아이가 겪는 문제를 아이가 요청하기도 전에 부모가 나서서 해결해 주면, 학교라는 사회에 나가서도 누군가 자기 문제를 해결해 주기를 바라고 자신의 문제를 해결해 주는 사람에게 의지하게 된다. 특히 초등 시절 내내 아이가 할 수 있는 일을 부모가 나서서 먼저 해결해 주었다면 부모가 개입하기 힘든 청소년기에는 잘 버티지 못하게 된다.

부모의 양육 태도가 너무 권위주의적이어도 아이는 자기표현을 잘하지 못한다. 부모와 동등하게 대화하며 자라지 못하고 부모가 시키는 대로 해야만 하는 가정이라면 아이는 주눅 들어 있을 수밖에 없다. 늘 주눅 들어 있다면 다른 아이들이 자신을 공격할 때 당당하게 자신의 의견을 말하기가 힘들 수밖에 없지 않겠는가.

아이를 너무 다른 사람의 시선에 맞추어서 키워 온 것은 아닌지도 반성해 보아야 한다. 요즘은 너무 일찍부터 사교육을 시작해 옆집 아이와 비교하고, 점수로 줄을 세우는 등 다른 사람의 시선과 평가를 중요시하는 부모들이 꽤 된다. 이 경우 지나친 경쟁심으로 친구를 사귀지 못할 수도 있고, 다른 아이의 한마디,

한마디에 지나치게 예민해져서 학교폭력을 자초할 수도 있다. 타인의 평가에서 자유로운 아이로 키우려면 부모부터 대담해져 야 한다. 세상의 기준에 1등인 아이보다는 내 아이의 장점을 키 우는 교육을 해야 하는 것이다.

전문가와 상담은 필수다

아이는 부모가 자신의 고통을 충분히 이해해 주 었을 때에야 비로소 아픈 기억을 훌훌 털어 낼 수 있다. 하지만 부모도 학교폭력 문제를 겪으며 아이와 힘든 시기를 보냈기 때 문에 아이의 마음을 어루만지는 것이 힘든 경우가 있다. 이럴 때 전문가의 도움이 절실하다. 부모 역시 학교폭력 후유증을 감당 하기 힘들다면 아이와 함께 상담을 받는 것이 필요하다.

서울대병원 연구팀에서 1년 동안 지속적 따돌림을 당하는 아 이의 특성을 연구한 적이 있었다. 그 결과 지속적 따돌림을 당한 아이들은 피해의식이 심해지는 등 정신적 증상이 높게 나타난 다는 결과가 나왔다. 외국 연구의 추적 조사에서도 결과는 마찬 가지였다. 지속적 따돌림 이후에 우울증, 자살 사고율이 현저히 높아졌다. 미국의 연구 보고에서도 어린 시절의 이 같은 경험은 청소년기, 성인기 초기의 우울, 자살 사고나 자살 시도와 관련이 높았다.

예를 들어 21세인 민진 씨가 그런 경우였다. 대학 휴학 중인 민진 씨는 초·중·고 학창 시절을 미국에서 보내면서 고등학교 때까지 따돌림을 당했다고 한다. 고등학교 졸업 후 한국 대학으로 진학을 했는데, 어느 날 갑자기 횡설수설하고 잠을 잘 이루지 못했고, 주위에 적개심을 드러내는 일이 많아져서 상담을 요청했다. 상담해 보니 청소년기의 지속적인 따돌림 경험이 주 원인인 것으로 드러났다.

민진 씨가 중·고등학교 시절 학교폭력을 당했을 때 전문가와 상담을 받았더라면 어땠을까 하는 아쉬움이 있다. 이처럼 장기간 괴롭힘을 당한 아이들은 상담을 받는 것이 무척 중요하다. '시간이 지나면 다 해결돼', '이제 그만 깨끗이 잊어' 하면서 지나갈 일이 아니다. 아이 마음속의 응어리는 성인이 된 뒤에도 영향을 미치는 일이 많기 때문이다.

치료를 시작한 후에는 어떤 이유에서든 중간에 그만두지 않고 아이가 그만하고 싶다고 할 때까지 꾸준히 하는 것이 좋다. 기간은 아이마다 다르다. 어떤 아이는 1년 만에 끝나기도 하고 어떤 아이는 2~3년간 지속해야 하는 경우도 있다. 치료 비용과 시간 등이 부담이 될 수 있지만 아이의 미래를 생각해서라도 꾸준한 도움을 받는 것이 좋다.

초등학교 3학년인 주훈이는 치료를 통해 지속적인 따돌림 이후의 힘든 시기를 잘 이겨 냈다. 주훈이는 초등학교 1학년 때 따돌림 때문에 틱 증상을 보이고, 머리와 배가 아프다며 학교에 가지 않으려고 했다. 심지어는 짜증이 난다며 엄마를 때리기도 했다.

초등학교 2학년 들어 주훈이를 괴롭힌 아이는, 주훈이 물건을 마음대로 가져가서 아이들에게 나눠 주기도 하고, 학습 자료를 찢고, 머리, 배, 목 등을 때리고 꼬집고, 연필이나 샤프심으로 온몸을 찔러 주훈이 등과 오른쪽 허벅지에 흉터가 남았다. 주훈이는 소리 죽여 울거나 아무 말도 하지 않는 식으로 대응했다. 주훈이 엄마가 가해 아이 부모에게 괴롭힘을 중단하도록 지도를 부탁했으나, 주훈이에게 문제가 있어서 그런 식으로 당하는 거라고 오히려 큰소리를 쳤다. 이때부터 주훈이의 틱 증상이 심해졌고 자주 눈물을 흘리고 엄마를 때리기 시작했다. 주 양육자는 엄마였는데, 사실 엄마에게도 힘든 일이 많았다. 고부간의 갈등이 심했고, 부부 싸움을 할 때 아빠가 엄마에게 폭력을 행사하는 것을 주훈이가 보기도 했다.

주훈이를 처음 만났을 때 학교폭력의 고통으로 아이는 잠을 잘 이루지 못했다. 반복적인 불안, 공포 관련 환상들이 수면을 방해했다. 수면 문제는 낮 동안의 피곤과도 연관되어 있기 때문에 주훈이가 학교생활을 하려면 먼저 수면 장애부터 고쳐야 했다. 어머니와 함께 잠자리에서 긴장을 풀기 위한 이완 연습을 하도록 하고 "앞으로 편안히 잠에 들 거야"라고 엄마가 자주 주훈이에게 이야기해 주기로 했다.

그다음에는 관계 촉진을 위한 놀이 치료가 진행되었다. 아이가 좋아하는 놀이를 하면서 치료 시간을 자연스레 놀이를 통한 자기 생각과 감정 표현의 시간으로 활용할 수 있도록 최대한 재미있고 편안한 환경을 조성했다. 다음 단계로 과거 폭력과 관련된 불안을 직접 다루는 작업을 시작했다. 아이에게 과거의 기억을 떠올리게 하자, 주훈이는 불안해서 어쩔 줄 몰라 했다. 처음에는 이야기 꺼내는 것조차 힘들어했지만, 점점 그 아이들에 대한 분노를 드러내며 자세히 그때 일을 설명해 주었다. 눈물이 흐르고 감정도 격해졌지만 감정은 차츰 수그러들었고, 마음이 편안해졌다.

30여 회기의 만남 이후로는 치료 선생님에게 좋은 친구 관계를 놀이로 표현해 냈다. 그림도 그리고 이야기를 나누면서 주훈이가 생각하는 좋은 친구를 묘사했다. 친구와 사이좋게 점심을 나눠 먹는 그림이었다. 주훈이는 이제 잠을 잘 잔다며 밝은 얼굴로 말했다.

상담의 마지막 단계에서는 또래 관계에서 자기주장 훈련을 집중적으로 했다. 주눅 들지 않고 표현하는 연습, 당당하게 무시하기, 비굴하지 않게 거절하기, 울지 않고 피하기 등을 연습했다. 주훈이는 치료 내내 정말 열심히 연습했다.

주훈이뿐 아니라 부모도 상담을 받았는데 주훈이 엄마는 좋아진 주훈이의 모습을 보면서 자신의 상처를 치유하기 위해 노력했다. 상담을 진행하면서 아이 문제에 대해서 과거처럼 과민하게 대응하지 않을 마음의 여유도 생겼다고 밝은 모습으로 말했다. 상담이 끝난 후 주훈이는 여느 아이들처럼 학교에 잘 다니고 있고, 학교생활도 즐겁게 하고 있다.

6장

만약 내 아이가
갈등을 일으켰다면

'아직 어린 아이가 어떻게 저런 심한 행동을 했을까' 싶은 일들이 연일 뉴스를 장식한다. 학교, 사회, 가정의 인성 교육이 충분하지 못한 상황에서 공감력이 부족하고 미성숙한 아이가 저지른 행동이다. 이럴수록 강력한 처벌보다는 한 번의 실수가 반복적인 습관이 되지 않도록 아이를 교육시키는 것이 더 중요하지 않을까? 폭력을 쓰는 아이와 그렇지 않은 아이의 차이는 자신의 감정을 잘 파악해서 행동을 조절하는 데 있다. 화가 나더라도 때와 장소에 맞게 말로 표현하거나 다른 사람에게 피해가 가지 않는 범위 내에서 표출하도록 이끌어 주자. 가해 아이도 어른과 전문가의 도움을 절실히 필요로 하는 정신건강 문제를 가지고 있다는 사실을 잊지 말아야 한다.

인정 욕구가
강한 아이들

쉽게 폭력을 사용하거나 주도하는 아이들은 대체로 에너지가 넘치고 외향적인 성격이다. 부모 입장에서는 사교적이고 활달한 아이라고 생각할 가능성이 크다. 에너지가 많다는 것 자체는 나쁜 일이 아닌데, 이 넘치는 에너지를 좋은 쪽에 쓰지 못하고 폭력을 행사하거나 누군가 위에 군림하는 데 사용한다는 것이 문제이다.

에너지가 넘치는 이 아이들은 자기 자신을 강하고 능력 있는 사람이라고 여기기에 그것을 표현하고 인정받고 싶어 한다. 또한 가해 아이들은 강한 공격성을 지닌다. 공격성이란 다른 사람에게 고통이나 상해를 일으키려는 목적으로 행하는 신체적·언어적 행동을 말한다. 화가 나거나 혹은 무언가를 얻기 위해 공격성을 드러내는데, 상대를 공격함으로써 제압하기를 즐기기 때문이다. 공격성은 반드시 육체적인 폭력만을 의미하지 않는다. 학급 분위기를 해치고 친구들을 괴롭히거나 방해하는 행동, 언어적 공격, 타인의 행동에 대한 부정적인 시각과 표현 등을 두루 의미한다.

공격성의 이면에는 아이가 속한 집단에서 경험한 좌절을 해소하고자 하는 이유도 숨어 있다. 예를 들어 학교라는 공간에서 공부를 못했을 때 아이는 그 좌절을 공격성으로 표현한다. 혹은 공부를 잘함에도 가정에서 더 큰 목표를 주면서 자신을 억압할 때도 그 분노를 공격성으로 표출한다. 가해 아이들은 자신의 행동에 대해 죄의식을 느끼지 않으며 피해를 입은 상대방의 심리적 고통이 자신과는 무관하다고 생각한다. 한마디로 '맞을 만하니까 맞는다'라는 자기만의 논리로 상황을 파악한다. 감정이입이 어렵고 공감력도 현저히 떨어지기 때문에 다른 아이의 감정에는 관심이 없는 것이다.

가해 아이의 신체적인 특징으로는 체격이 큰 경우가 많고, 작다고 하더라도 체력적으로는 강하다. 대체로 피해 아이보다 힘이 세며, 또래보다 매력적인 외모를 지니고 있는 경우도 적지 않다. 가해 아이들은 겉으로는 세 보이지만 내면이 불안하고 예민한 경우가 대부분이다. 강한 척하지만 사실 내면이 강한 아이들이 아니기 때문에 부모는 아이의 이런 면을 잘 간파하고 길잡이가 되어야 한다. 이런 성향을 가진 아이들을 잘 다독여 키우지 않으면 성인이 되어서도 공격적 행동을 할 가능성이 높다.

부모의 양육 태도
돌아보기

아이가 가해 행동을 했다면 부모는 양육 태도를 점검할 필요가 있다. 우선 점검해야 할 것은 아이들과의 대화가 부족하지 않았는지 하는 점이다. 대화가 부족한 가정에서는 애정결핍을 느끼기 쉽다. 허전한 마음을 또래 관계에서 보상받으려다 보니 문제가 생기고, 문제를 풀 수 있는 평화적 방법을 몰라 공격적인 말과 행동을 하는 것이다. 이 과정에서 자신을 따르는 아이들은 좋고, 그렇지 않은 아이들은 나쁘다는 잘못된 집단의식을 갖게 되기 쉽다.

둘째, 대화를 하긴 하되 대화만 시작하면 오로지 '공부, 공부' 하지는 않았는지도 돌아보자. 부모가 공부 이야기만 할 때 아이들은 있는 그대로 존중받는다는 느낌을 가지지 못한다. '우리 부모는 공부를 잘하면 나를 존중하지만, 공부를 못하면 나를 존중하지 않는다'고 생각하게 되는 것이다. 부모가 자녀를 하나의 인격체로 존중한다는 느낌을 아이가 느끼게 해야 한다. 그래야 타인, 특히 친구에 대해서도 누구나 존재 자체만으로 존중받아야 한다는 것을 은연중에 몸에 익히게 된다. 치료 과정에서 만났던 중학생의 사례를 보자.

강우는 아버지가 사업가이고 어머니가 교사로, 경제적·사회적으로 좋은 환경을 가진 아이였다. 그런 강우가 병원에 온 이유는 학교에서 같은 반 아이들을 끊임없이 괴롭히다 상담을 권유받아서이다. 강우의 심리 치료를 하는 과정에서 아이가 부모에게 지나친 성적 스트레스를 받고 있다는 것을 알게 되었다. 강우는 스스로 이렇게 고백했다. "엄마, 아빠는 너무 바빠서 얼굴 보기도 힘든데, 성적이 떨어지면 엄청나게 혼이 나요. 그 스트레스를 친구한테 푼 것 같아요." 부모는 강우에게도 전문직을 가져야 한다며 강요했지만 강우의 성적은 그에 미치지 못했다.

부모는 아이에게 성격, 외모, 능력, 재산 등으로 다른 사람들을 차별하지 않고 존중하는 것이 삶의 기본이 된다는 교육을 시켜야 한다. 공부만을 다그친 강우 부모는 은연중에 능력이나 힘이 없으면 존중받을 가치가 없다는 생각을 아이에게 심어준 것이나 다름없다. 편견 없이 남을 존중하는 것이 자신도 존중받고 행복한 삶을 사는 요령이라는 사실을 먼저 가르쳐야 한다. 외적인 성취만을 부추기다 보면 부모 역시 아이들의 마음을 보살필

틈이 점점 없어진다.

셋째, 부모가 폭력적인 방법으로 훈육해 왔다면 아이가 가해자가 될 확률이 높다. 맞으면서 커 온 아이의 경우, 어느 정도 힘이 생기면 힘이 약한 아이들을 상대로 그동안 당한 대로 행동할 가능성이 있다.

가해 아이를 만들 수 있는 부모의 유형

- 자녀의 행동에 관심과 애정을 가지지 않고 방치하는 무관심한 부모
- 자녀에게 폭력이나 폭언을 행사하며 폭력성을 가르치는 부모
- 과정보다는 결과를 중요시하는 부모
- 타인 앞에서 자녀의 잘못을 무조건 감싸는 부모
- 자녀에게 장점을 말해 주고 칭찬하기보다는 단점을 들추어 내며 야단을 많이 치는 부모
- 자녀와 이야기할 때 다른 집 자녀와 비교하며 이야기하는 부모
- 맞고 들어오거나 따돌림을 당했을 때 혼내면서 "너도 똑같이 때려"라며 은연중에 폭력을 가르치는 부모
- 수용적인 가정 분위기보다 공격적이고 경쟁적인 분위기를 조성하는 부모
- 자녀 앞에서 다른 사람의 허물이나 단점을 자주 이야기하는 부모

아이의 전전두엽
살펴보기

　　　드물기는 하지만 생물학적 뇌의 결함으로 다른 아이를 괴롭히는 아이들도 있으므로 아이들의 뇌 건강도 한번쯤 살펴보자. 공격성과 충동성 조절을 담당하고 있는 뇌의 전전두엽 발달이 지연되면 조그만 자극에도 과도하게 분노를 표출할 수 있다. 청소년기 아이들 중 10퍼센트에서 전전두엽의 발달이 또래보다 느린 사례가 관찰되는데, 학교폭력을 주도하는 아이들의 뇌를 관찰해 보면 전전두엽의 발달에 문제가 있는 경우가 많다.

가해 아이들이 자주 보이는 행동들

- 부모가 학교생활에 대해 물어봐도 잘 이야기하지 않는다.
- 불량하다고 여겨지는 친구들과 어울려 다닌다.
- 귀가 시간이 늦어진다.
- 친구들과 어울려서 PC방, 만화방 등의 유해 업소에 자주 간다.
- 폭력적인 게임을 즐긴다.
- 학원에 자주 빠진다.
- 집에서 제때 나갔는데도, 결석이나 지각이 잦다.

- 학교 주변의 우범 지역이나 인적이 드문 곳에서 친구들과 어울려 논다.

- 사 주지 않은 비싼 물건을 가지고 있다.

- 경쟁심이나 권력 욕구가 지나치다.

- 약한 어린이, 반려동물을 심하게 괴롭힌다.

- 학교에서 일어나는 신체적·언어적 폭력 사건에 자주 이름이 거론된다.

- 자신의 말과 행동에 책임을 지지 않는다.

- 무조건 남 탓을 잘한다.

- 다른 아이를 따돌리는 아이들과 친하다.

✳ —— 내 아이의 가해 사실을
◆ —— 외면하고 싶은 마음

　　가해 아이의 부모를 만나 보면 가해 아이들과 비슷한 성향을 가지고 있는 경우도 꽤 된다. 가해 아이들이 '저 아이가 잘못해서 때렸다'고 말하는 것처럼 가해 아이의 부모 10명 중 9명은 '피해 아이가 원인 제공을 했을 것'이라고 생각한다. '피해 아이가 원인 제공을 했다'고 하는 것은 마치 도둑이 '너희 집 대문이 열려 있어서 내가 도둑질했다'고 하는 것과 다를 바 없는 논리다.

　　일부 연구에서는 피해 아이의 사회성 부족이 학교폭력의 한 요인으로 작용한다고 한다. 하지만 피해 아이들을 추적 관찰한 결과를 보면, 애초에 피해 아이의 작은 사회성 결핍이 따돌림을 기점으로 점점 악화된다는 사실이 밝혀졌다. 따돌림을 당할수록 사회성이 더욱더 떨어진다는 이야기다. 따라서 부모라면 내 아이 편부터 들고 보자는 입장에서 벗어나 전체적인 상황을 읽으려는 자세가 필요하다.

가해 아이 부모가 피해 아이 부모에게 해서는 안 되는 말

- "우리 애가 절대 그럴 리가 없어요."
- "우리 애는 내가 제일 잘 알아요."
- "그 아이도 우리 아이를 괴롭혔대요."
- "애들은 싸우면서 크는 거예요."
- "그냥 장난으로 한 건데 너무 심각하게 받아들이시는 것 아니에요?"
- "애들 싸움에 어른들이 왜 나서요?"
- "그 애도 맞을 만한 짓을 했대요."
- "그 애도 문제가 많은 아이라던데요."
- "금전적인 보상 때문에 그러시는 거예요?"
- "같이 자식 키우는 입장인데 너무 하시네요."

가해 아이 부모가 피해 아이 부모에게 건네야 하는 말

- "우리 아이가 그런 행동을 했군요."

- "우리 아이가 실수했다면 용서해 주세요."
- "그 아이가 얼마나 괴롭고 힘들었을까요."
- "우리 아이가 너무 심했네요."
- "그동안 우리 아이를 잘 지켜보지 못해 죄송합니다."
- "또다시 이런 일이 일어난다면 학교에서 정한 처벌을 받겠습니다."

아이가 피해를 당했을 경우에는 많은 부모가 문제를 적극적으로 인식하는 반면, 아이가 가해자가 되면 많은 부모가 문제해결에 적극 나서지 않는다. 적극적으로 나서면 내 아이가 가해자로 낙인찍힐까 봐, 아이의 행위를 인정하게 되면 오히려 불이익을 당할 거라는 생각에 소극적으로 문제를 대하는 것이다. 일부 가해 아이의 부모는 미성년자는 처벌이 미약하다는 것을 미리 여러 기관을 통해 확인하고는 안심하기도 한다. 이러한 부모의 태도는 아이가 반성할 기회를 뺏는 것이다. 아이가 또다시 폭력을 행사하고, 폭력의 고리를 끊지 못하게 만든다.

가해 행동은 초기에 바로잡지 못하면 점점 더 심해진다. 즉 개인적 차원에서의 놀림, 장난을 빙자한 괴롭힘과 폭력이 가해자 개인에서 다수로 확대된다. 다수로 확대된 폭력은 금품 갈취, 폭행, 협박, 심부름 등 조직폭력 집단을 모방하게 된다. 이 단계에서 더 발전하면 졸업한 선배, 성인 폭력 조직과 연관된 형태로까지 확대될 수 있다. 오랫동안 학교폭력을 연구해 온 노르웨이 학자 댄 올베우스Dan Olweus는 가해 아이에 대한 종단연구를 통해 초6~중3 폭력 가해 학생의 60퍼센트는 24세까지 전과 1범이 되며, 폭력 가해 학생의 35~40퍼센트는 24세까지 전과 3범이 된다는 다소 충격적인 연구 결과를 발표한 바가 있다.

가해 아이 부모는 자녀가 받게 될 처벌에 대해 두려움을 갖고 있다. 가능하면 현실을 피하고 싶고 처벌도 줄여 주고 싶은 것이 부모의 마음이다. 그래서 피해 아이나 교사 앞에서 큰소리로 자기 아이를 변호하기도 하고, "자식이 벌인 일이라 나도 모르니, 알아서들 하라"라며 방관적인 자세를 취하기도 한다. 실제로 학교 현장에서 교사들을 만나 보면 이렇게 방어적인 태도를 취하는 부모들 때문에 문제해결이 힘들고, 가해 아이를 훈육하는 데도 어려움을 겪는다고 고충을 토로한다.

부모가 아이를 감싸고 돌거나 발뺌할수록 문제해결이 힘들어지고, 아이는 자기 문제를 계속 회피하게 된다는 사실을 알아야 한다. 이번 사건을 교훈 삼아 아이의 성장을 이끌어 내고 싶다면 우선 아이의 가해 사실부터 인정해야 한다. 무조건적으로 자녀의 잘못에 대해 방어적인 자세를 취한다면 아이가 반성하기는 커녕 문제해결에도 도움이 되지 않는다. 가해 아이 부모가 자녀의 잘못을 이해하고 진지하게 접근할 때 학교도 학생을 위한 좋은 대안을 내놓게 되기 때문이다.

문제를 해결하고자 할 때는 학교와 맞서지 말고 협조하는 태도를 가져야 한다. 가해 아이는 결국 문제가 해결된 뒤에도 학교를 계속 다녀야 하며 친구들, 교사와 생활해야 한다. 내 아이가 잘못한 것에 대해 책임진 뒤 다시 정상적인 생활로 돌아갔을 때 도와줄 사람 역시 친구들과 교사라는 사실을 잊지 말자.

'내 편'이 되어 주는 것과 '무조건 편들기'의 차이

남 탓을 경계하라

"뭣 때문에 때렸니?"

"다른 아이들에게 내 흉을 보며 나를 곤란에 빠뜨렸어요. 나도 피해자예요. 억울해요. 그 애는 우리 반의 문제아란 말이에요."

아이가 이렇게 말을 하면 부모는 동정심을 갖게 된다. 또한 가해 아이의 부모는 아이가 나쁜 행동을 했다고 하면 '내 아이는 그런 아이가 아닌데 나쁜 친구와 어울려서 그렇게 되었다'고 생각하는 경우가 많다. 자녀를 올바르게 이끌고 싶다면 바로 이런 생각을 경계해야 한다. 피해자 탓으로 돌리기, 나쁜 친구 탓하기 등 부모가 앞장서서 남 탓을 할 것이 아니라 아이 자신도 잘못했음을 알게 하고, 스스로 뉘우치게 해야 한다.

세상에 허용되는 폭력은 없다. 맞아도 되는 사람은 어디에도 없다. 폭력은 어떤 경우에도 범죄이기 때문에 무력을 사용하지 않고 자신의 생각을 표현하는 방법을 가르쳐야 한다. 이를 위해서는 원인 제공에 관계없이, 때로는 억울한 상황이라 하더라도 자신의 행동에 책임져야 한다는 것을 가르쳐야 한다.

사과는
진정성 있게 하자

사과할 때는 아이가 진심으로 피해를 입은 아이에게 미안하다고 하는 것이 무엇보다 중요하다. 부모가 윽박지르고, 체벌해서 강압적으로 미안하다고 말하는 것은 제2차 피해나 보복을 부를 수 있으므로 주의해야 한다.

아이 스스로 뉘우치게 하기 위해서는 먼저 아이가 잘못한 것에 대해 정확한 증거를 보여 주면서 이야기한다. 사건을 단순한 갈등으로 가볍게 여기거나, 그 행동들을 최소화하거나 돌려서 말하지 않는다. 부모가 별문제 아니라는 식으로 대처하면 아이도 별문제 아니라면서 자신의 행동을 정당화하게 되어 있다. 아이가 변명을 하더라도 그 마음은 이해해 주되 행동은 잘못되었다는 것을 명확히 이해시켜야 한다.

아이가 부모에게 과도하게 의존하지 않도록 문제의 당사자는 부모가 아니라 아이 자신이며, 부모는 도와줄 수는 있지만 이 문제를 잘 해결할 사람 역시 아이 자신이라는 사실도 일깨워 주어야 한다. 피해 아이에게 사과하고, 다시 화해하는 일도 스스로 해야 한다는 걸 알게 해야 한다.

아이가 진심으로 뉘우쳤다면 공개적인 자리에서 피해 아이와 그 부모에게 사과하도록 한다. 어떤 부모는 아이의 자신감이 떨어진다는 핑계로 아이들이 없는 곳에서 피해 아이 부모에게만 사과하고 말려 하기도 한다. 이런 식의 대처는 아이의 의존감만 키우고, 사건을 통해서 아무것도 뉘우치지 못하게 해, 아이가 또다시 나쁜 일을 저지를 확률을 높일 뿐이다. 아이가 공개 사과를 힘들어한다면 부모가 먼저 피해 아이와 그 부모에게 고개 숙여 사과하는 모습을 보여 주기라도 해야 한다. 아이는 부모가 사과하는 모습을 보면서 내 행동으로 인해 부모도 고통을 받는다는 것을 깨닫고 자기 행동에 대해 반성하게 된다.

엄격하게
훈육하라

　　　　자녀가 다른 아이를 때리거나 괴롭혔다는 말을 들은 많은 부모가 화와 분노를 아이에게 쏟아 내는 경우가 많다. "내가 너 때문에 못 산다", "너 죽고 나 죽자" 식으로 흥분을 하고 때로는 체벌을 하기도 하는데 이는 절대 바람직하지 않다. 아이가 친구에게 심각한 심리적·신체적 상처를 입혔다면 아이가 그에 대해 책임을 지고 문제행동을 고치는 것이 시급하다. 부모의 한풀이를 하는 게 중요한 것이 아니다.

체벌을 하지 말아야 하는 이유는 아이의 자존감에 큰 상처를 남기지 않기 위해서이기도 하다. 체벌을 하면 아이는 자신의 행동을 반성하기보다는 자신의 인격이 짓밟히는 느낌을 받는다. 또한 체벌로 인한 분노를 다른 비행을 통해 풀 가능성도 있다.

아이에게 '잘못을 뉘우치고 행동을 고치면 다시는 이 일을 문제 삼지 않겠다'는 것을 단호하고 엄격한 태도로 이야기해야 한다. 살아가면서 실수는 누구나 할 수 있다. 아직 모든 것이 미성숙한 아이들이 감당하기 힘든 질풍노도의 시기를 지나고 있음을 기억하자.

가해 아이의 부모가 자녀에게 해서는 안 되는 말

- "네가 안 그랬다고 빨리 말해!"
- "내가 너 때문에 못 살아!"
- "너 죽고 나 죽자."
- "커서 범죄자나 될래?"
- "엄마가 다 책임질게. 엄마만 믿어."
- "남자가 주먹 쓸 때도 있는 거야."
- "넌 잘못한 거 없어."

가해 아이의 반성을 이끌어 내는 부모의 말

- "무슨 일이 있었는지 정확히 말해 줄래?"
- "왜 그런 행동을 했는지 말해 줄래?"
- "이 일을 잘 해결하려면 먼저 네가 반성해야 해."
- "네가 반성하면 이제는 다른 사람이 될 수 있어."
- "다시는 이런 일 안 한다고 약속해 줄래?"

선 넘지 않는 아이로
키우는 양육법

① 장난과 괴롭힘은 다르다

가해 아이들에게 왜 그런 행동을 했냐고 물으면 돌아오는 대답의 90퍼센트가 "장난으로 그랬어요"이다. 변명이기도 하겠지만, 실제로 아이들은 장난과 괴롭힘을 잘 구분하지 못한다. 이런 아이들에게는 장난과 괴롭힘이 어떻게 다른지 알려 주어야 한다.

장난은 친구들 사이에서 흔히 벌어지는 일로 친한 친구들끼리는 때로 짓궂은 장난을 하면서 함께 웃기도 한다. 하지만 장난으로 인해 친구가 기분이 나쁘고 화가 나고 위협을 느낀다면 그것은 더 이상 장난이 아니다. 또 그만하라고 했는데도 계속 장난을 친다면 그때는 더 이상 장난이 아니다. 그것이 바로 괴롭힘이다.

장난으로 하는 말이나 행동을 친구가 싫어하는데도 계속해서 되풀이하는 것은 곧 괴롭힘이 되고 폭력이 된다. 키가 크거나 힘이 센 친구가 자기보다 약한 친구를 괴롭히는 것은 폭력이다. 또 여러 명이 힘을 합쳐 한 친구를 둘러싸고 괴롭히는 것도 폭력이며 아주 비겁한 행동임을 아이에게 알려 주어야 한다.

② 폭력에는 처벌이 따른다

학교폭력을 저지른 아이에게는 감정적 대처보다는 학교폭력의 결과를 인식하게 해야 한다. 자신의 행동으로 인한 파급 효과 및 미래의 결과를 알려 주어야 한다는 뜻이다. 이때 '네가 친구를 괴롭히면 네 인생도 괴로워진다'라는 식으로 막연하게 이야기하면 아이들은 자신의 일로 받아들이지 않기 때문에 반드시 구체적으로 알려 주어야 한다(235쪽 참조).

대부분의 가해 아이들은 단순한 학교폭력이라도 여러 절차를 밟아 법적 처벌까지 받게 된다는 것을 인식하지 못하고 있다. 부모들이 쉬쉬하는 까닭에 그냥 문제가 생겨도 사회봉사를 한다는 정도로만 알고 넘어가 또다시 학교폭력을 저지르게 된다. 부모 역시 민·형사상 소송으로까지 번지기 전에는 '그저 애들 싸움이겠거니' 하면서 별일 아니게 넘기려는 경향이 강하다. 물론 민·형사상 소송으로 이어지는 것은 극단적인 경우이다. 그러나 이렇게 극단적인 상황으로까지 갈 수 있다는 것을 아이들이 알 때 작은 폭력에서 멈출 수 있고, 학교폭력은 범죄 행위라는 사실을 마음으로 받아들이게 된다.

③ 피해자는
무척 큰 고통을 받는다

가해 아이들을 보면 공통적으로 고통 받는 상대방을 잘 이해하지 못하는 모습을 볼 수 있다. 공감력이 떨어지는 아이들이 피해자의 고통을 느끼기란 쉽지 않다. 사실 가해 아이들은 한 번쯤은, 아니 여러 번 폭력 앞에 노출되었을 가능성이 크다. 따라서 자신이 폭력을 당했을 때나 폭력을 가했을 때 기분이 어땠는지 떠올려 보게 한다. 폭력에 대한 자신의 느낌을 바탕으로 피해 아이의 고통을 이해하게 하는 것이다.

또한 피해 아이가 어떤 고통을 느꼈는지 가해 아이 앞에서 진솔하게 이야기할 수 있는 시간을 마련해야 한다. 이때는 반드시 경찰 혹은 담임교사, 상담교사 등이 함께해야 한다. 이는 피해 아이가 자신의 마음을 치유하는 시간이기도 하지만 가해 아이가 피해 입은 친구의 고통을 구체적으로 들을 수 있는 소중한 시간이 되기도 한다. 이런 시간을 가지면 가해 아이도 피해 아이의 고통에 대해 마음 깊이 반성하게 된다. 학교폭력 예방 프로그램의 하나로, 피해자의 고통을 담은 글을 읽게 하는 시간을 갖고 토론하는 것이 유익한 이유이다.

④ 남을 짓밟는 것이 센 것은 아니다

학교폭력은 다른 친구보다 자신이 세다는 것을 나타내는 것이 아니라, 그저 비겁한 행동일 뿐이라는 사실을 깨닫도록 해야 한다. 친구들이 모여들고, 시키는 대로 하는 것이 친구들이 자신을 인정해서가 아니라 두려워서일 뿐이며, 결코 오래 갈 수 없다는 것을 알려 주어야 한다. 힘의 논리로 맺은 관계는 절대로 좋은 우정이 되지 못한다. 폭력을 사용하면 친구들과도 결과적으로 멀어질 뿐 아니라, 사회에서도 격리된다는 사실을 아이에게 인식시켜 주자.

부모가 알아야 할
더 강력해진 학교폭력예방법

최근 학교폭력 관련 정책은 더욱 강화되는 방향으로 변하고 있다. 피해 아이 보호를 위한 즉시 분리부터, 가해 아이에 대한 조치와 기록, 그리고 대학 입시에 반영되는 범위까지 제도의 영향력은 점점 넓어지고 있다. 이제 학교폭력 문제는 단순히 학교 안에서 끝나는 사안이 아니라, 아이의 인생 전반에 영향을 미칠 수 있는 중요한 요소가 되었다. 부모가 제도의 세부 조항을 모두 외울 필요는 없지만, 변화의 흐름과 기본 원칙만큼은 알고 있어야한다.

① 즉시 분리와 피해자 우선 보호

학교폭력 신고가 접수되면, 학교장은 즉시 가해 학생과 피해 학생을 분리해야 한다. 과거에는 출석 정지 기간이 짧았으나, 현재는 피해 학생 보호를 위해 최대 7일간 가해 학생의 등교를 막거나 별도 공간에 분리시키는 '즉시 분리 조치'가 시행된다. 이는 피해 학생이 학교에서 가해 학생을 마주칠 공포 없이 심리적 안정을 취하게 하기 위함이다.

② 가해 학생에 대한 아홉 가지 조치와 생기부 기록

학교폭력이 인정되면 사안의 심각성(고의성, 지속성, 반성 정도)에 따라 1호부터 9호까지 조치가 내려진다. 가장 주목해야 할 점은 이 기록이 학교생활기록부(생기부)에 남아 대학 입시에 결정적 감점 요인이 된다는 사실이다.

- 1호: 피해 학생에 대한 서면 사과
- 2호: 피해 학생 및 신고·고발 학생에 대한 접촉 금지
- 3호: 교내봉사
- 4호: 사회봉사
- 5호: 특별 교육 이수 또는 심리 치료
- 6호: 출석 정지
- 7호: 학급 교체
- 8호: 전학
- 9호: 퇴학 처분

학교 생활기록부 기록 영역	가해 학생 조치 사항		기록 보존 기간
행동 특성 및 종합 의견	1호	서면 사과	졸업과 동시에 삭제
	2호	접촉 금지	
	3호	교내봉사	
	4호	사회봉사	졸업 후 2년 보존 (졸업 직전 심의 통해 삭제 가능)
	5호	특별 교육 이수 또는 심리 치료	
	6호	출석 정지	졸업 후 4년 보존 (졸업 직전 심의 통해 삭제 가능)
	7호	학급 교체	
학적 사항 특기 사항	8호	전학	졸업 후 4년 보존
	9호	퇴학 처분	영구 보존

③ 대학 입시 반영의 확대(2026학년도 이후)

'공부만 잘하면 대학 간다'는 말은 옛말이 되었다. 2026학년도 대입부터는 수시 모집뿐만 아니라 정시 모집(수능 위주 전형)에서도 학교폭력 조치 사항이 감점 요인으로 의무 반영된다. 즉 수능 만점을 받아도 학교폭력 기록이 있다면 상위권 대학 진학이 불가능할 수 있다. 있다. 최근 서울대학교, 카이스트(KAIST), 한국종합예술학교에서 합격 취소 사태가 생긴 것도 학교폭력이 뒤늦게 알려져서이다.

④ 경찰(SPO)이 반드시 개입하는 상황

이제는 학교전담경찰관SPO이 학교폭력 사안 조사 단계부터 적극적으로 개입한다. 흉기 사용(특수상해), 집단 폭행(특수폭행), 성폭력(불법 촬영 등), 그리고 악의적인 사이버 불링 Cyber Bullying 등은 학교 차원의 해결을 넘어 수사 대상이 된다.

쉽게 화내는 아이에게 효과적인 감정 조절 연습

아이가 폭력을 쓰는 이유는 화가 나거나 기분이 나쁠 때 자신의 감정을 표현하고는 싶은데 행동 조절이 되지 않아서이다. 행동 조절이 잘되는 아이는 화가 나더라도 때와 장소에 맞게 말로 표현하거나 다른 사람에게 피해가 가지 않도록 해소한다.

아이에게 행동 조절 요령을 가르쳐 주기 위해서는 먼저 왜 화가 나는지부터 알아야 한다. 이유를 알게 되면 자연스럽게 화를 공격 행동으로 표출해서는 안 된다는 것도 알게 된다.

가해 아이들에게 화가 난 이유를 물어보면 "○○가 ○○○해서 화가 났어요"라고 이야기한다. 가해 아이들뿐 아니라 보통 사람들도 화가 나는 이유가 다른 사람에게 있다고 생각하기 쉬운데, 사실은 그렇지 않은 경우가 더 많다. 자세히 살펴보면 어떤 사건이나 사람 때문이 아니라, 그 사건에 대해 내가 가지고 있는 생각 때문에 화가 나거나 기분이 나빠지는 것이다.

예를 들어 친구가 어깨를 밀쳤다고 그 친구를 심하게 때린 아이가 있다고 가정해 보자. 그 아이는 정말로 누가 어깨를 밀친 당연한 결과로서 화가 난 것일까? 사건과 행동 사이에 자신도 모르게 '저 아이가 나를 함부로 대한다', '나를 무시한다', '나에게 덤빈다', '내게 도전한다' 같은 생각이 자리 잡고 있었던 것은 아닐까?

순간적으로 떠오르는 이런 생각이 옳을 때도 있지만 오해일 경우가 더 많다. 사례처럼 친구가 어깨를 밀친 경우 다른 생각을 하며 지나가거나 발을 헛디디어서 쓰러지면서 그저 실수로 밀쳤을 수도 있다. 차분하게 생각할 기회를 주면 '어쩌다 보니 몸의 중심을 잃어서 밀치게 된 것뿐인데, 순간적으로 자신을 자극하려는 고의적 행동이라고 오해하고 폭력을 휘둘렀을 가능성'도 제법 된다는 것을 깨달을 수 있다.

'자존감'이 부족한 아이들이 이런 오해를 쉽게 한다. 자존감이 부족한 아이들은 상대방의 작은 행동에도 무시당하는 듯한 부정적 느낌을 받으며, 부정적인 감정에 휩싸이면 이를 잘 통제하지 못해 화를 내는 경향이 있다.

화를 잘 내는 또 다른 이유는 어떤 문제에 부딪쳤을 때 화내는 것 말고는 다른 방법을 배워 본 적이 없기 때문이기도 하다. 화를 폭발시키고 폭력을 사용하면 문제가 해결된다고 자기도 모르게 생각하고 있는 것이다.

그렇다면 어떻게 화를 조절할 수 있을까? 아이에게 화가 났을 때 그 정도를 온도계의 온도로 표현하게 하고 그 온도에 맞는 행동 요령을 알려 줄 수 있다. 이는 '감정 온도계 기법'이라고 한다. 화가 100도까지 올라갔을 때는 빨간불이 켜진 상태라고 볼 수 있다. 이 상태에서는 잠깐 자신의 행동과 생각을 일단 중지하고, 크게 한숨을 쉬고 냉정을 찾도록 가르치자. 이렇게 해서 온도를 50도로 낮추어 놓으면 이때가 노란불 상태가 되는 것이다.

노란불 상태가 되면 이제 그렇게 화가 났던 이유를 꼼꼼히 생각해 봐야 한다. 왜 화가 났는지, 내 잘못된 생각 때문에 화가 난 건 아닌지 나의 숨겨진 욕구 때문에 화가 난 것은 아닌지 잘 생각해 봐야 한다.

그래서 내가 화가 난 원인을 찾으면 비로소 파란불이 켜지게 된다. '그래 좋아', '그럴 수도 있지', '그럴 만한 이유가 있을 거야'라고 상황을 인정하고 받아들일 수 있다면 폭력적 방법은 더 이상 사용할 필요가 없어질 것이다.

긍정적·평화적 소통의
기술 다섯 가지

분노를 조절하는 데는 소통만큼 중요하고 효과적인 것도 없다. 긍정적·평화적 소통을 위한 방법을 보자.

첫째, 긍정적인 칭찬을 많이 해 주자. 사실 화를 잘 내고, 그것으로 또래 아이들의 왕으로 군림하는 아이는 어른에게는 인정을 받지 못하는 아이들이다. 학교나 외부에서 칭찬을 받기 힘들다면 집에서라도 아이를 칭찬해 주어야 한다. "사고 치고 다니는 아이, 칭찬할 게 뭐가 있어요"라고 부모는 말하지만 찾아보면 하나쯤은 칭찬 거리가 있고, 간단히 심부름을 시키면서 칭찬 거리를 만들 수도 있다. 내 아이를 칭찬하고 인정해야만 학교폭력의 악순환이라는 고리를 끊을 수 있다. 부정적인 상호작용 대신 긍정적인 상호작용이 하나씩이라도 늘어나야 아이가 변화한다.

아이가 화를 내지 않고 의사 표현을 하거나 부모 말을 잘 들었을 때는 정확하고 분명하게 칭찬을 해 주어야 한다. 맛있는 음식 등 작은 물질적 보상을 해 주어도 좋다. 아이는 잘못을 저질렀을 때 무엇이 잘못되었는지는 너무나 많이 들어 왔다. 이제는 올바른 행동을 한 가지라도 했을 때 무엇을 잘했는지 정확하게 잘 칭찬하는 것부터 시작해 보자. 그러면 아이도 자신감을 갖고 행동을 조금씩이라도 변화시킬 수 있다.

둘째, 단호한 목소리로 규칙을 이야기해 준다. 아이가 어느 순간 소리를 지르고 화를 내고 폭력적으로 변하면 부모는 심한 스트레스를 느끼기 때문에 같이 소리를 지르고 더 폭력적으로 대응하거나, 혹은 무기력해져서 이 상황을 피하고자 회피 반응을 보이게 된다. 그런데 부모가 더 강하게 나가면 아이는 부모 앞에서는 수그러드는 것 같지만 또래 집단에 가서 똑같이 폭력적으로 행동하게 된다. 반면 부모가 약하게 나가면 화내는 것이 효과가 있다는 생각에 매번 화를 분출하는 방식으로 자신의 욕구를 충족하려 할 것이다.

부모가 어떨 때는 받아 주고 어떨 때는 심하게 야단치면 아이는 부모의 일관성 없는 태도에서 어떤 것도 배우지 못한다. 아이가 폭발할 때 부모는 감정적으로 힘들더라도 냉정을 유지해야 한다. 냉정한 표정과 말투로 왜 안 되는지를 설명하고 규칙을 단호하게 이야기해야 한다. 어렵더라도 연습이 필요하다. 부모도 아이 앞에서 한 번, 두 번 시도해 보면 부모의 권위가 산다는 걸 느끼게 된다. 특히 "네가 감정적으로 폭발해 문제를 해결하려고 하면 어떤 문제도 해결되지 않는다"라는 것을 알려 주어야 한다.

셋째, 타임아웃 시간을 가져 보자. 아이가 부모보다 더 큰소리로 대든다면 부모가 아무리 냉정하게 이야기해도 아이 귀에 아무것도 들리지 않을 수가 있다. 이럴 때는 아이가 자신의 감정을 식힐 수 있는 시간과 공간을 주는 것도 한 가지 방법이다. 각자의 방에 가서 거리를 두고 아이의 행동을 잠시 무시한다. 이때 부모는 아이가 눈치채지 않게 아이의 행동을 관찰하며, 아이가 방에서 계속 화를 내도 이에 대꾸하거나 말다툼하지 말고 무시한다. 처음에는 소리를 지르거나 소리 내며 우는 등 화를 내도 이를 무시해야 한다. 시간이 지나면서 아이도 부모도 감정이 차분해짐을 느낄 것이다. 이제는 서로 화를 내거나 폭력을 사용하지 않고 대화가 가능한 시간을 찾아야 한다.

넷째, 화난 감정이나 욕구를 말로 표현하는 방법을 가르쳐야 한다. 사춘기 아이들도 화난 감정이나 욕구를 말로 표현하는 것이 좋다는 것쯤은 안다. 하지만 부모와 대화가 잘 되지 않을 뿐이다. 화가 난 아이와 대화를 잘하기 위해서는 평소 부모와 아이 사이가 좋고 대화가 잘 이루어져야 한다. 일상적인 대화조차도 가시 돋친 말들이 오간다면 아이는 절대로 화난 감정을 말로 잘 표현하지 않는다. 아이들도 자신의 이야기를 부모가 진지하게 들어준다는 확신이 있을 때 입을 연다.

다섯째, 다른 사람의 욕구도 똑같이 중요하다고 가르쳐야 한다. 네가 원하는 것이 중요한 만큼 남들이 원하는 것도 중요하다는 점을 끊임없이 가르쳐야 한다. 먼저 일상생활에서 나의 입장이 아니라 상대방의 입장에서 생각하는 기회를 갖도록 하자. 상대방은 어떻게 느꼈을지, 상대방이 원하는 것은 무엇인지 이해할 수 있게 되면 무조건 화를 내기보다는 행동 조절에 도움이 될 것이다. 그러나 아이들이 상대방의 입장을 이해하려면 자기가 원하는 것을 남들에게 인정받는 경험을 해 보아야 한다. 자신의 마음이 타인에게 받아들여졌던 것처럼 자신도 타인의 입장을 이해하려 할 것이다.

✳ —— 문제해결 이후
✦ —— 상처 돌보기

사랑하는 마음이
최고의 명약이다

　　가해 아이와 피해 아이 간의 갈등이 해결되었다고 해서 모든 문제가 끝난 것은 아니다. 아이의 마음을 다독이고 똑같은 일이 반복되지 않도록 교육시키는 과정이 필요하다. 부모와 교사 역시 문제해결 과정에서 받은 상처를 극복하고 아이와 새롭게 관계를 맺기 위해 힘써야 한다. 아이의 가해 행동에 실망하고 무력감을 느꼈다고 하더라도 아이가 달라질 수 있다는 희망을 버려서는 안 된다. 지금 아이들은 좌충우돌하면서 성장하는 과정에 있으며, 아직 부모와 교사의 도움을 절실히 필요로 하고 있다.

부모도 인간이므로 아이가 잘못된 행동을 하면 마음속에 아이를 미워하는 마음이 생기게 마련이다. 더군다나 학교폭력 가해자로 한바탕 홍역을 치르고 나면 아이에 대한 사랑보다 미움이 더 크게 자리할 수 있다. 이런 마음 때문에 아이에게 부정적인 말을 하거나, 훈육을 한다고 하면서 상처를 주는 말을 하게 된다. 이는 절대 좋은 대응 방식이 아니다. 아이는 이미 나쁜 행동을 해서 공개적으로 처벌을 받은 상황이다. 자존감이 떨어져 있는 상황에서 부모까지 아이를 비난해서는 안 된다. 다른 사람이 다 아이를 손가락질하더라도 부모만은 사랑으로 안아 주어야 한다.

학교폭력을 일으키는 아이들을 위한 근본적 해결 방법은 체벌이 아닌 부모의 사랑밖에 없다. 아이가 충분하다고 느낄 때까지 사랑을 주어야 공격성을 없앨 수 있고, 가학적인 성격을 바로잡을 수 있다. 부모들은 아이를 사랑하는 마음에 아이의 버릇을 바로잡기 위해 아이를 야단치고 때리기도 하지만, 그 방법으로는 아이가 부모의 사랑을 느낄 수 없다.

부모라는 이름만으로 아이를 사랑으로 안아 주기에 어려움을 느낀다면 부모도 전문가의 도움을 받을 것을 권한다. 부모의 자존감과 사회성, 공감력 등이 아이에게 대물림되는 것처럼 분노나 화 역시 대물림된다. 부모의 마음에 있는 화와 분노가 아이에게 전달되어 그것이 학교폭력으로 나타날 수 있으므로 먼저 부모부터 마음을 다스릴 필요가 있다.

다양한 교육이
폭력성을 줄여 준다

피해 아이뿐 아니라 가해 아이에게도 다양한 교육이 도움이 된다. 실제로 예체능 교육이 폭력성을 감소시킨다는 연구 결과가 학계에 보고되었다. 소아청소년 정신의학이나 아동심리학에서 사용되는 많은 치료에 예술적 속성이 포함되어 있는 이유이기도 하다. 현재 놀이치료, 미술치료, 음악치료, 드라마치료 등의 예체능 교육이 치료에 많이 이용되고 있다.

최근 우리나라에서는 소년원학교, 교정시설 내의 청소년을 대상으로 문화·예술 교육의 효과성을 검증하기 위한 연구도 진행되었다. 실험 대상자를 크게 실험집단(39명)과 통제집단(35명)으로 나누어 실험집단에만 음악, 미술, 신체 활동을 포함한 다양한 문화·예술 교육을 실시했다. 두 집단 모두 경제 수준은 보통, 문화·예술 교육을 거의 받은 적이 없는 아이들이 많았고, 받은 적이 있더라도 매우 짧은 기간 동안 접했던 것으로 나타났다. 본격적인 실험을 하기 전 참여자들은 스트레스 변화에 대한 적응, 신체적 스트레스, 환경 변화에 대한 자율신경계의 대처 능력, 부교감신경계의 기능 등을 측정했는데 두 집단 간 점수 차이는 나타나지 않았다.

약 30회 정도의 문화·예술 프로그램 참여 후 실험집단 참여자들은 스트레스 적응, 신체 스트레스 지수, 자율신경계의 대처 능력이 향상되어 전반적인 적응 능력이 월등히 향상되었다. 반면 스트레스는 저하된 것으로 나타났다. 또한 실험집단 및 통제집단 참여자들의 점수를 비교한 결과 실험집단은 통제집단에 비해 스트레스 변화에 대한 적응 능력이 향상되었다. 이러한 결과는 문화·예술 교육이 아동·청소년들의 스트레스를 줄여 준다는 것을 의미한다. 뿐만 아니라 심리·신체적인 측면을 긍정적으로 변화시킨다는 의미도 된다.

진료실에서 만난 윤석이는 친구에게 돈을 뺏고, 수시로 폭력을 휘둘러 결국 지방경찰청까지 가게 된 아이였다. 사업체를 가지고 있는 아버지는 그런 아들을 이해할 수가 없었다. 윤석이와 상담하면서 윤석이가 아버지는 능력이 있는데, 자신은 공부를 못한다는 비난과 무시 때문에 생긴 스트레스를 폭력으로 풀게 된 것임을 알게 되었다. 윤석이는 상담이 이어지는 동안 음악치료와 미술치료를 받았는데, 그중에서도 미술치료를 무척 좋아했다. 치료가 끝난 뒤에 다시 연락해 보니 윤석이는 여전히 미술 학원에 다니고 있다고 했다. 짧은 기간이었지만 미술치료를 흥미로워했고, 치료가 끝난 후에도 미술을 배우고 싶어 했다고 한다. 열심히 미술 학원에 다니면서 윤석이의 폭력성은 현저히 줄었고, 앞으로의 진로도 미술 쪽을 생각해 보고 있다. 문화·예술 교육으로 인해 폭력성이 줄어든 대표적인 사례이다.

긍정적인 리더십으로
변화시켜라

학교폭력을 일으키는 아이들은 에너지가 넘치고 리더십을 발휘하고자 하는 특성이 있다. 그런데 학교는 규율에 맞추어서 생활해야 할 뿐 아니라 공부로 서열을 매기는 곳이어서, 공부를 못한다면 학교에서 넘치는 에너지와 리더십을 표현하기가 쉽지 않다. 그래서 자신의 에너지와 리더십을 그릇된 방향으로 풀게 되어 학교폭력 가해자가 되는 경우도 제법 있다.

아이가 리더가 되고 싶어 하는데 학교에서 드러내지 못한다면 부모가 나서서 아이의 에너지를 긍정적으로 발휘할 수 있는 곳을 찾아 주어야 한다. 예를 들어 종교단체, 사회단체 등 다양한 단체에 가입해 활발히 활동하게 하면 좋다. 학교에서 동아리에 가입하라는 안내문이 오면 '네가 대충 알아서 들어'라고 할 것이 아니라, 공부만큼 적극적으로 지원해 주어야 한다. 여러 가지 활동을 하다 보면 부정적 리더십도 긍정적으로 발전하게 된다.

상진이는 학교에서 친구를 괴롭혀 5일간 출석 정지를 당했다. 상진이가 집에 있게 된 첫날, 상진이 아버지는 다시 아들과 친해져야겠다는 생각에 회사에 휴가를 내고 상진이와 함께 도보 여행을 떠났다. 상진이는 걸어서 강원도까지 가겠다는 아버지의 말에 설마했지만 상진이 아버지의 강한 의지로 아버지와 아들의 도보 여행이 시작되었다.

책상 앞에 앉아 공부와 게임만 하던 상진이는 몇 시간도 못 가서 지쳤다. 지치면 쉬고, 또 걷다가 지치면 쉬면서 그렇게 걷다 보니 처음에는 아버지가 상진이를 리드했는데, 어느 순간 상진이가 아버지를 리드하고 있었다. 아버지는 그런 상진이를 보며 자신을 반성했다. 그동안 상진이 탓만 했는데, 아들과 대화 한마디 제대로 나눈 적이 없다는 생각이 들었다고 한다. 도보 여행 동안에 아이에게 자신의 어린 시절 이야기도 해 주고, 아이의 솔직한 이야기도 들으면서 정말로 오랜만에 아들의 존재 자체만으로 감사하게 되었다.

이 사례에서처럼 여행을 통해 에너지를 발산하고 소통의 기회를 만들어 보는 것도 좋은 방법이다. 사춘기가 되면 부모는 이제 아이가 공부를 열심히 할 때라고 생각해 그저 공부나 열심히 하라는 말만 한다. 하지만 오히려 사춘기 시기야말로 다양한 체험 활동이 중요하다. 특히 에너지가 넘치고 리더십 욕구가 강한 아이들은 자신의 에너지를 쏟아붓고, 리더십을 긍정적으로 발휘할 수 있는 기회를 많이 갖는 것이 중요하다.

전문가와의 면담 치료와 봉사활동이 도움이 된다

피해 아이들과 마찬가지로 가해 아이들에게도 전문가의 상담이 필요하다. 앞서 이야기한 것처럼 아이들의 관계는 역동적이고. 언제든 가해 아이와 피해 아이의 입장이 바뀔 수 있기 때문에 마음의 상처를 다독여 주는 작업이 이루어져야 한다. 면담 치료를 통해 과거의 상처를 드러내고 아이 마음 안에 있는 화와 분노를 풀어내도록 돕자. 과거의 상처에서 자유로워진 상태에서 공감력과 자존감을 끌어올리는 작업이 병행되어야 한다. 이런 치유 과정은 아이에 따라 짧은 기간에 끝날 수도 있고, 오랜 시간이 걸릴 수 있다. 또한 금방 변화되지 않는 아이 모습을 보며 지칠 수도 있지만 꾸준히 이어 나가는 것이 중요하다.

상담과 봉사활동은 특히 함께 이루어지면 좋다. 학교폭력으로 장애인 시설에서 봉사를 하게 된 한 아이는 봉사활동 후 갖게 된 상담 시간에 "몸이 불편한 분들이 사회에 적응하기 위해 열심히 노력하는 모습을 보니, 건강한 몸을 가진 자신이 다른 사람을 괴롭히면 안 되겠다는 생각이 들었다"라고 말하기도 했다.

학교폭력으로 인한 처벌로 봉사활동 명령을 받았을 경우 며칠 다녀오면 그만이라고 생각하지 말고 새로운 깨달음의 기회로 삼는 게 좋다. 그러기 위해서는 부모가 함께 나서는 것이 도움이 된다. 부모도 아이와 같이 봉사활동을 하면서 경험을 나누는 것이다. 봉사활동이 지속적으로 이루어지면 아이들 인성에도 도움이 된다.

무엇이 아이를
성장하게 하는가

피해자의 아픔을 공감하고 사과하는
화해조정모임

　　최근에 쏟아지고 있는 학교폭력 대책은 대체로 처벌 중심 안이다. 그러나 처벌을 중심으로 한 해결만이 답은 아니다. 학교폭력은 아이들 사이의 미묘한 관계에서 일어나는 것이어서 아이들의 관계를 개선하지 않으면 어떤 형태로든 반복되기 때문이다. 마치 바람이 든 풍선과 같아서 한쪽을 누르면 다른 쪽이 튀어나오게 된다. 강한 법적 처벌로 아이들을 억압하면 다른 문제가 생길 수밖에 없는 구조인 것이다.

주영이는 같은 반 친구 은석이에게 화장실에서 여러 번 구타를 당했다. 은석이가 돈을 빌려 달라고 했을 때 빌려 주지 않으면 때리고, 억지로 담배를 피우게 시키기도 했다. 주영이의 친구 지성이가 주영이를 구타하는 은석이를 보고 경찰에 신고하면서 1년 동안의 괴롭힘이 끝나게 되었다. 처음에 은석이는 별일도 아닌 일로 지성이가 자신을 경찰에 신고한다고 생각했지만, 결국 서울가정법원 화해 권고실까지 가게 되었다.

피해자, 피해자의 보호자, 가해자, 가해자의 보호자, 피해자의 친구, 담임교사 등이 어렵게 모인 자리에서 재판장의 화해 권고가 시작되었다. 주영이는 그간의 어려움을 담은 글을 읽기 시작했다. 주영이가 글을 읽어 나가자 주영이의 부모가 흐느끼기 시작했다. 가해자인 은석이 부모의 눈에도 눈물이 맺혔다. 주영이의 글에는 한 인간으로서 인권을 짓밟힌 것에 대한 분노와 억울함이 절절히 담겨 있었다. 은석이와 그 부모가 그동안 주영이가 어떤 감정으로 지내 왔는지 알게 된 시간이었다. 먼저 은석이의 부모가 주영이와 그의 부모에게 예의를 갖추어서 사과했다. 가해자인 은석이도 눈물을 흘리면서 "미안하다" 하고 처음으로 입을 열었다.

처음에 주영이는 은석이가 두려워 글을 읽는 것에 큰 부담을 느꼈다. 하지만 용기를 냈고, 은석이도 처음으로 반성하는 모습을 보였다. 주영이는 은석이에게 이야기했다. "난 네가 내 눈

앞에서 없어져 버렸으면 좋겠다고 생각했어. 그런데 오늘 네가 나한테 미안하다고 말하는 모습을 보니까 그런 생각이 사라져. 그리고 진심으로 반성하는 것 같아서 널 용서해 줄게. 대신 다시는 이런 일 없어야 해."

그러자 내내 고개를 들지 못하던 은석이가 눈물을 흘리며 대답했다. "그래, 고마워. 그리고 미안하다. 다시는 그렇게 하지 않을게. 정말 미안하다." 은석이는 울먹이면서 고개를 들지 못했다. 권위 있는 재판장과 여러 어른들이 지켜보는 자리여서인지 주영이의 모습은 당당해 보였고, 은석이는 진심으로 사과하고 있었다. 서울가정법원의 화해 권고 이후 은석이는 다른 아이를 괴롭히지 않았고, 자신의 진로를 찾아 열심히 생활하고 있다.

이렇게 피해자와 가해자 양측이 만나서 문제를 직접 이야기하고 해결하고자 하는 모임이 바로 화해조정모임이다. 이런 자리를 통해 학교폭력은 법적 처벌 없이도 원만하게 해결될 수 있다.

경찰에 신고된 학교폭력 사건을 해결하는 과정을 보면 대부분 학교나 사법부가 피해자의 이름으로 가해자를 법적으로 처벌하는 방식으로 진행되고 있다. 하지만 법적 처벌만이 능사는 아니다. 앞에서 소개한 주영이와 은석이의 사례를 법적인 처벌 방식으로 풀었다면 어떻게 되었을까? 아마 주영이의 괴로운 마음을 은석이가 알지 못하고, 은석이의 진심 어린 사과도 받지 못했을 것이다.

학교폭력에 대해 처벌을 하기 이전에 부디 그 목적을 잘 생각해 보았으면 한다. 처벌은 가해 아이가 자신의 잘못을 깨닫고 다시는 그런 행동을 하지 않도록 하는 것이 목적이다. 그런데 학교폭력 해결이란 것이 법적 처벌 위주로 이루어지면 가해 아이의 부모는 어떻게 하면 처벌 수위를 낮출 수 있는지에만 집중하게 된다. 자신의 잘못을 부인하거나, 사과하지 않으려는 이유도 바로 여기에 있다. 잘못을 인정하고 사과하는 순간, 처벌이 커질 것이라고 생각하기 때문이다. 특히 아이가 범죄자로 낙인찍힌다는 생각에 가해 아이의 부모도 아이의 잘못을 바로잡으려 하기보다는 사건을 축소하고 자기 아이를 옹호하기 바쁘다.

법적 처벌만 강화하면 가해 아이들은 피해 아이의 마음을 돌아보지 못한다. 학교폭력 사건이 터졌을 때 가장 힘든 사람은 피해 아이이다. 그런데 법적 처벌에 초점을 맞추다 보면 피해 아이가 어떤 감정을 가지고 있는지 돌아볼 겨를도 없이 처벌 절차만 밟게 된다. 피해자 입장이 아니라 법 집행자 위주의 행정적인 과정으로 문제를 푸는 것이다.

또한 처벌에서 그치면 이후에 또 다른 범죄를 저지를 가능성이 높다. 한 번 법적 처벌을 받는 것이 어렵지 두 번, 세 번은 생각보다 어렵지 않을 수 있다. 가벼운 처벌의 경우 별거 아니라는 생각을 가질 수 있고, 소년원 입소 등 강한 법적 처벌을 받은 아이들은 다시 학교로 돌아가기가 쉽지 않아 추가적인 문제가 된다. 이런 아이들이 할 수 있는 일이란 많지 않다. 마음속에 복수심을 안은 채 또 다른 범죄 행위를 저지르게 될지도 모른다.

청소년기 아이들은 학교폭력으로 처벌을 받았다 하더라도 다시 사회에 돌아와서 건강한 사회 구성원이 되어야 한다. 우리에게는 우리의 미래가 달린 청소년기 아이들을 건강한 사회 구성원으로 만들어야 할 의무와 책임이 있다. 따라서 학교폭력 해결에 있어 집중해야 할 것은 처벌의 강도가 아니라 이 아이들을 다시 교육시키고 훈육해서 책임감 있는 사회 구성원을 만드는 다양한 방법이다. 법적 처벌은 최후의 수단으로 활용하고, 처벌 이후에도 지속적인 치료와 상담 지원을 통해 학교폭력의 재발을 막고 건강한 사회인으로 살아갈 수 있도록 여러 각도의 지원을 마련하자. 가해 아이를 다시 소외시킬 것이 아니라 아이들의 특성에 맞춘 다양한 교육과 관심으로 우리들 품으로 끌어안았으면 하는 바람이다.

뇌과학이 알려 주는 사회성 발달의 황금 법칙

아이의 친구 관계

초판 1쇄 발행 2026년 3월 11일
초판 3쇄 발행 2026년 5월 1일

지은이 김붕년
펴낸이 민혜영
펴낸곳 카시오페아
주소 서울특별시 마포구 월드컵로14길 56, 3-5층
전화 02-303-5580 | **팩스** 02-2179-8768
홈페이지 www.cassiopeiabook.com | **전자우편** editor@cassiopeiabook.com
출판등록 2012년 12월 27일 제2014-000277호

- 잘못된 책은 구입하신 곳에서 바꿔 드립니다.
- 책값은 뒤표지에 있습니다.